Die Bibliothek der Technik
Band 300

Konstruieren mit PTFE

Werkstoffe, Designkriterien, Verarbeitung, Systemlösungen

Michael Schlipf und Martin Schuster

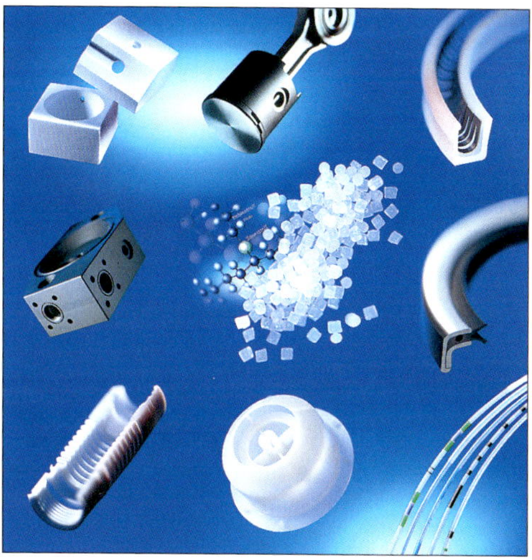

verlag moderne industrie

Dieses Buch wurde mit fachlicher Unterstützung
der ElringKlinger Kunststofftechnik GmbH erarbeitet.

http://www.sv-corporate-media.de
Abbildungen: Nr. 25 LuK GmbH & Co. OHG, Bühl; Nr. 37 Siemens AG
PTD, Berlin; alle übrigen ElringKlinger Kunststofftechnik GmbH,
Bietigheim-Bissingen
Satz: abavo GmbH, D-86807 Buchloe
Druck und Bindung: Sellier Druck GmbH, D-85354 Freising
Printed in Germany 889056
ISBN 978-3-937889-56-6

Inhalt

Einleitung

Vom Zufalls-produkt …

Polytetrafluorethylen (PTFE) wurde am 6. April 1938 von dem damals erst 27 Jahre alten Roy Plunkett (1910–1994) entdeckt, der für DuPont im Jackson-Labor in Deepwater, New Jersey (USA) an neuen Kältemitteln experimentierte. Plunkett stand vor dem Problem, dass aus einer mit Tetrafluorethylen (TFE) befüllten Druckgasflasche trotz unverändertem Gewicht kein Gas aus dem Ventil austrat. Auf der Suche nach der Ursache entdeckte er schließlich ein weißes Granulat in der Gasflasche: PTFE, zu dem das TFE-Gas offensichtlich über Nacht spontan polymerisiert war. Bei der Untersuchung des Granulats realisierte Plunkett sofort ein höchst ungewöhnliches Verhalten. Da es weder mit einer der angebotenen Substanzen reagierte, noch sich in irgendeinem Medium auflöste – nicht einmal in den stärksten Säuren – war das neue Produkt für chemische Reaktionen unbrauchbar. Bei einer umfassenden Untersuchung im Kunststofflabor erkannte man sehr schnell das Potenzial dieser neuen Kunststoffklasse.

Wie so häufig bei neuen Produkten wurde PTFE zunächst in militärischen Anwendungen eingesetzt: Als Dichtungswerkstoff in Aufbereitungsanlagen für die Uran-235-Produktion widerstand es den aggressivsten Säuren. Bei Hochfrequenzkabelisolierungen für Radaranlagen wurden seine ausgezeichneten Isolationseigenschaften in Verbindung mit minimalen Dämpfungswerten genutzt. Das Fehlen geeigneter Verarbeitungsverfahren und auch die Tatsache, dass PTFE an nichts haftet, standen einer breiteren Verwendung zunächst entgegen. Später, in den Jahren 1955 bis 1960, setzte sich der Werkstoff dann langsam in der Antihaftbeschichtung von Haushaltswaren wie z. B. Bratpfannen durch.

Abb. 1: Molekularer Aufbau von PTFE

... zum vielseitigen Konstruktionswerkstoff

Erst mit der Entwicklung von in der Kunststoffverarbeitung neuartigen Verfahren war die Basis für die industrielle Anwendung gelegt. In der jüngeren Vergangenheit findet der einzigartige Konstruktionswerkstoff PTFE (Abb. 1) auch zunehmend Anwendung in Gegenständen des täglichen Bedarfs wie Mobiltelefonen. Entsprechend den Anforderungen der jeweiligen Endanwendung nutzt man seine vorteilhaften Eigenschaften gezielt aus.
Dieses Buch zielt darauf ab, Konstrukteuren und Anwendern die außergewöhnliche Vielseitigkeit dieser besonderen Kunststoffklasse aufzuzeigen. Zu Beginn werden neben den gängigen PTFE-Werkstoffen auch das neuartige thermoplastisch verarbeitbare PTFE vorgestellt. Designkriterien und Verarbeitungsverfahren sowie PTFE-Spezialprodukte spannen den Bogen hinüber zur industriellen Anwendung. Fallbeispiele und Systemlösungen aus einer Vielzahl von Branchen zeigen das Potenzial des Konstruktionswerkstoffs PTFE nachdrücklich auf. Auch die zulassungsrechtlichen Voraussetzungen der Anwendung von PTFE werden ausführlich erläutert.

PTFE-Werkstoffe und -Vorprodukte

PTFE zeichnet sich durch besondere Eigenschaften aus, die es von allen anderen Kunststoffen abheben. In diesem Kapitel werden die molekularen Grundlagen von PTFE dargestellt und ihr Einfluss auf die Herstellung, Verarbeitung und Anwendung erläutert. PTFE-Werkstoffe lassen sich folgendermaßen einteilen:

- Standard-PTFE
- modifiziertes PTFE
- PTFE-Compounds
- thermoplastisch verarbeitbares PTFE.

Standard-PTFE

Stabile C-F-Bindung

Polytetrafluorethylen (PTFE) ist der nach wie vor wichtigste Vertreter der vollfluorierten (= perfluorierten) Polymere aus der Klasse der Polyhalogenolefine. Die Kohlenstoffkette ist nahezu vollständig von Fluoratomen umhüllt und damit vor äußeren Einflüssen geschützt (s. Abb. 1). Die Kohlenstoff-Fluor-Verbindung stellt eine der stärksten Bindungen in der organischen Chemie dar (Dissoziationsenergie 460 kJ/mol). Daraus resultiert die außergewöhnlich hohe chemische und thermische Beständigkeit von PTFE. Die Kristallitschmelztemperatur liegt bei 327 °C.

PTFE wird industriell durch Polymerisation des Monomers Tetrafluorethylen (TFE) hergestellt (s. S. 19 ff.). Je nachdem, ob die Polymerisation in Suspension oder Emulsion durchgeführt wird, wird das entstehende Produkt entweder als Suspensions-PTFE oder als Emulsions-PTFE bezeichnet. Obwohl vom Grundsatz her ein Thermoplast, lässt sich PTFE

nicht mit thermoplastischen Verfahren verarbeiten. Wegen des sehr hohen Molekulargewichts von bis zu 10^8 g/mol wäre die Viskosität der Schmelze zu hoch.
Die Verarbeitung von Suspensions-PTFE – auch als Presspulver bezeichnet – setzt spezielle Press- und Sintertechniken voraus, die der Verarbeitung von Sinterkeramiken sehr ähnlich sind (s. S. 29 ff.): Unter hohem Druck wird das Pulver zunächst verpresst, dann zum Verschmelzen der Einzelpartikel gesintert, wobei der Werkstoff seine eigentliche Festigkeit erhält. Anschließend wird das gesinterte Produkt durch spanabhebende Verfahren in das Endprodukt überführt. Emulsions-PTFE – auch als Feinpulver oder Pasten-PTFE-Pulver bezeichnet – wird durch Pastenextrusion, d. h. eine quasi-thermoplastische Verarbeitung bei Raumtemperatur, verarbeitet. Die so hergestellten einfachen Profile erhalten in einem anschließenden Sinterprozess ihre endgültigen Eigenschaften. Dieser speziellen Verarbeitungstechnik entsprechend überlappen die Anwendungsbereiche von Emulsions-PTFE und den Fluorthermoplasten, z. B. beim Einsatz für Draht- bzw. Kabelummantelungen, Schläuchen und Rohren.

Gefüge vor und nach dem Sintern

Ungesintertes PTFE weist einen hohen Kristallinitätsgrad von 90 bis 95 Gew.-% auf. Nach einmaligem Sintern liegt der Kristallinitätsgrad im Bereich von 50 bis 75 Gew.-%. PTFE weist zwei Kristallitumwandlungstemperaturen auf, die eine bei 19 °C, die andere bei 28 °C (Abb. 2). Die Umwandlungen des Gefüges äußern sich durch sprunghafte Veränderungen des Ausdehnungskoeffizienten. Sie können insbesondere die Eigenschaften des pulverförmigen Werkstoffs Suspensions-PTFE und die Maßhaltigkeit der Endprodukte beeinflussen. Ihnen sollte deshalb besondere Aufmerksamkeit gewidmet werden.

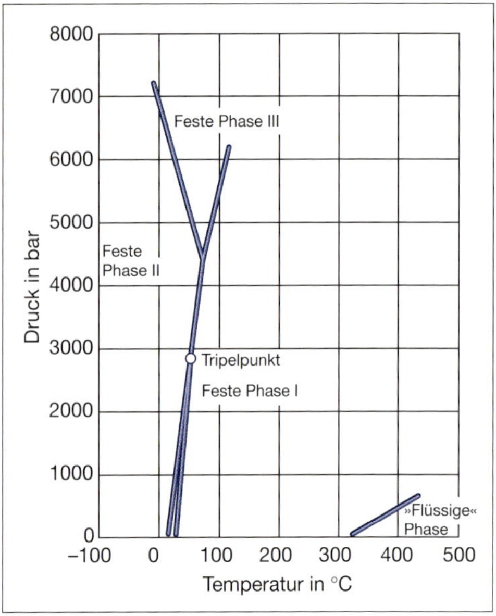

Abb. 2: Phasendiagramm von PTFE

Empfohlene Verarbeitungstemperatur

Für die Verarbeitung von Suspensions-PTFE wird eine Temperatur zwischen den beiden Umwandlungstemperaturen empfohlen, also z. B. im Bereich zwischen 21 und 25 °C. Wird ein besonders gutes Rieselvermögen des Granulats gefordert, so kann die Pulververarbeitung auch bei tieferen Temperaturen, z. B. im Bereich zwischen 12 und 15 °C erfolgen.

Bei der Verarbeitung von Emulsions-PTFE sollten alle Arbeitsschritte vor der eigentlichen Extrusion, also insbesondere das Abmischen mit Füllstoffen (s. S. 13 ff.) oder mit Extrusionshilfsmittel, bei Temperaturen unterhalb von 19 °C erfolgen. Nur so kann gewährleistet werden, dass die PTFE-Agglomeratkörner nicht zu stark kompaktiert werden, wodurch eine gleichmäßige Verteilung des Gleitmittels erschwert bzw. unmöglich gemacht wird. Auf jeden Fall sollte aber die Zerspa-

nung der gesinterten Produkte zwischen den beiden Kristallitumwandlungstemperaturen erfolgen, um größere Maßabweichungen zu vermeiden.
Als besondere physikalische und chemische Eigenschaften von ungefülltem PTFE sind herauszuheben:

Physikalische und chemische Eigenschaften

- nahezu universelle chemische Beständigkeit
- außergewöhnlich breiter thermischer Anwendungsbereich von –260 °C bis +260 °C (kurzzeitig auch bis +300 °C)
- sehr gute Gleiteigenschaften
- antiadhäsives Verhalten
- gute elektrische Eigenschaften (Dielektrikum, Hochfrequenzdämpfung)
- keinerlei Wasseraufnahme (beständig auch gegen Heißwasserdampf)
- nicht brennbar; LOI > 95
- licht- und witterungsbeständig
- physiologisch unbedenklich (Lebensmittelzulassung durch BgVV, EU und FDA).

Anwendung im Anlagenbau und in der Sensortechnik

Die nahezu universelle Chemikalienbeständigkeit ist Voraussetzung für den Einsatz von PTFE in der chemischen Industrie, z. B. für Dichtungen und korrosionsfeste Auskleidungen von Chemiereaktoren und Rohrleitungen, oder im Bereich der Produktion von Armaturen und Behältern. Aufgrund des außergewöhnlich breiten thermischen Anwendungsbereichs bietet sich der Einsatz von PTFE z. B. als Dichtungselement in Armaturen der Kältetechnik oder im Bereich der Abgassensorik von Verbrennungsmotoren – insbesondere im Automobilbereich – an. Aber auch bei der Rauchgasentschwefelung von Kraftwerken leisten PTFE und artverwandte vollfluorierte Kunststoffe einen signifikanten Beitrag zum Umweltschutz, wenn es etwa darum geht, Abluftströme mit aggressiven Hochtemperaturaerosolen zunächst zu kühlen und anschließend zu neutralisieren und dadurch ein Entweichen giftiger Komponenten in die Umwelt zu verhindern.

Dynamische Anwendungen

Die sehr guten Gleiteigenschaften und der niedrige Abrieb sind Gründe dafür, dass PTFE oder PTFE-Compounds (s. S. 13 ff.) immer dann als Dichtungselemente für dynamische Anwendungen eingesetzt werden, wenn andere Werkstoffe versagen. So sind diese Werkstoffe heute Stand der Technik für Dichtungen in modernen Hochdruck-Kraftstoffeinspritzsystemen oder für die reibungsarme Abdichtung rotierender Wellen in Motoren und Getrieben. Wegen der intrinsisch guten Gleiteigenschaften kann bei reibungs- und verschleißbehafteten Anwendungen von PTFE häufig auf Schmierstoffe verzichtet werden. Dieser Vorteil wird nicht nur in der Medizintechnik genützt, sondern auch in Abfüllanlagen für Getränke, Milch, und Joghurt, denn dort wäre ein öliger Beigeschmack der Lebensmittel höchst unerwünscht. Für Anwendungen in der Medizintechnik oder dem Lebensmittelbereich ist auch die physiologische Unbedenklichkeit des Werkstoffs PTFE eine der wesentlichen Voraussetzungen.

Elektrische Anwendungen

Ausgezeichnete elektrische Eigenschaften von PTFE – hohe relative Dielektrizitätskonstante und geringe Hochfrequenzdämpfung – werden für Leiterplatten in Mobiltelefonen oder bei der Isolierung von Kabeln, insbesondere von Hochfrequenzkabeln, genutzt. Das stark Wasser abweisende Verhalten von PTFE sorgt dafür, dass diese Eigenschaften auch ein ganzes Geräteleben anhalten. Die Aufnahme von Feuchtigkeit aus der Umgebung, eine nachteilige Eigenschaft fast aller anderen Kunststoffe, ist nahezu vollständig unterbunden. Die Nichtbrennbarkeit von PTFE, das frei von Additiven ist, stellt einen zusätzlichen Sicherheitsfaktor in elektrischen Anwendungen dar.

Ungefülltes PTFE weist jedoch auch einige Nachteile auf; dazu gehören:

- Kaltfluss
- relativ geringe Verschleißfestigkeit
- geringe Beständigkeit gegen energiereiche Strahlung
- schlechte Verklebbarkeit
- Nichtanwendbarkeit thermoplastischer Verarbeitungsverfahren
- verschweißbar nur unter Zuhilfenahme eines Schweißhilfsmittels, z. B. PFA.

Modifiziertes PTFE

Durch Copolymerisation von TFE mit einer geringen Menge des ebenfalls perfluorierten Modifiers Perfluorpropylvinylether (PPVE) und Absenkung des Molekulargewichts entsteht ein Copolymer (Abb. 3), das sich mit den für Standard-PTFE üblichen Methoden verarbeiten lässt. Dieses neue Polymer weist die für PTFE typischen positiven Eigenschaften und darüber hinaus folgende Vorteile auf:

Vorteile gegenüber Standard-PTFE

- um den Faktor 3 reduzierter Kaltfluss
- um bis zu 50 % reduzierte Permeation von Chemikalien und Gasen
- um 50 % verminderte Porosität
- minimale Tendenz zur Porenbildung beim Recken
- verschweißbar nach speziellen Methoden.

Modifiziertes PTFE eignet sich besonders für Anwendungen, bei denen entweder die geringe Permeationsrate oder der geringe Kaltfluss von besonderem Vorteil ist. Geringe Permeationsraten sind z. B. gefordert bei Auskleidungen im Chemieanlagenbau für den Korrosionsschutz von Metallbehältern und -rohren, bei Flanschdichtungen oder bei Vollkunststoffkonstruktionen im Rohr- und Apparatebau.

Vollkunststoffkonstruktionen

Zur Verstärkung dieser Vollkunststoffkonstruktionen werden die Behälter oder Rohre auf der Außenseite meist mit einer GFK- oder

Abb. 3: Molekularer Aufbau von modifiziertem PTFE

KFK-Ummantelung versehen, während der Liner aus modifiziertem PTFE auf der Innenseite die Funktion der hochchemikalienbeständigen Permeationsbarriere übernimmt.

Dichtungen

Der geringe Kaltfluss von modifiziertem PTFE ist der Grund für die vielfältige Anwendung im Dichtungsbereich, insbesondere bei Flanschdichtungen mit hoher Flächenpressung zur Sicherstellung der Ausblassicherheit auch bei hohen Drücken und Temperaturen. Werden zusätzlich Formstabilität oder Maßhaltigkeit auch bei erhöhtem Druck oder erhöhter Temperatur gefordert, wie dies z. B. bei Pumpengehäusen der Fall ist, dann stellt auch in diesen Fällen modifiziertes PTFE die Problemlösung dar.

Verschweißte Konstruktionen

Große, komplexe Bauteile, insbesondere im Apparatebau, lassen sich häufig nicht aus einem Stück fertigen. In diesen Fällen nutzt man die Möglichkeit der Verschweißbarkeit von modifiziertem PTFE aus, um die Systemlösung aus mehreren Einzelkomponenten über Verschweißungen zusammenzusetzen. Nach dieser Methode wurden schon Einbauten für Chemiereaktoren hergestellt, deren Gesamtgewicht mehrere hundert Kilogramm betrug.

PTFE-Compounds

Das Einmischen von Füllstoffen in PTFE oder modifiziertes PTFE zur Bildung von Compounds geschieht aus folgenden Gründen:

Ziele der Compoundbildung

- Verminderung des Kaltflusses (Erhöhung der Druckbelastbarkeit)
- Reduzierung des Verschleißes
- Erhöhung der Wärmeleitfähigkeit (Senken der Verschleißrate)
- Verringern der Wärmeausdehnung
- Erzielen elektrischer Ableitbarkeit für den Einsatz in ATEX-Bereichen
- Minimierung des Eigenabriebs in reibungs- und verschleißbehafteter Anwendung bei Schonung der Gegenlauffläche (z. B. abriebbeständige Dichtungen mit Aluminium als Gegenlaufpartner).

Die Verminderung des Kaltflusses kann zum einen durch das Einmischen von Füllstoffen, zum anderen aber auch durch Änderung der PTFE-Matrix erreicht werden. Neben dem Kaltfluss müssen jedoch noch eine Vielzahl von Werkstoffeigenschaften optimiert werden, um dem breiten Einsatzspektrum von Compounds Rechnung zu tragen. Dazu zählen mechanische Eigenschaften wie die Festigkeit, der Elastizitätsmodul, der Reibungskoeffizient oder der Abrieb, der thermische Ausdehnungskoeffizient, die Chemikalienbeständigkeit und die Wärmeleitfähigkeit. In welcher Weise sich

Tab. 1: Optimierung der Eigenschaften von PTFE-Compounds über die Parameter Polymermatrix und Füllstoff; Trends: blau: neutral rot: negativ grün: positiv

Einflussgröße	Mechanische Eigenschaft	Kaltfluss	Reibungskoeffizient	Abrieb	Chemikalienbeständigkeit	Ausdehnungskoeffizient	Thermische Leitfähigkeit
Auswirkung beim Austausch von PTFE durch modifiziertes PTFE	→ (blau)	↘↘ (grün)	→ (blau) ↗ (rot)	→ (blau)	→ (blau)	→ (blau)	→ (blau)
Einfluss von Füllstoffen auf die Produkteigenschaften von Compounds	↘ (rot)	↘ (grün)	↗ (rot)	↘↘ (grün)	↘ (rot)	↘ (grün)	↗ (grün)

diese Werkstoffeigenschaften durch den Füllstoff und/oder die Polymermatrix optimieren lassen, ist der Tabelle 1 zu entnehmen.

Füllstoffe

Die Verschleißfestigkeit von Standard-PTFE ist relativ gering. Dies ist eine Folge der sehr schwachen intermolekularen Van-der-Waals-Kräfte zwischen den perfekt umhüllten und dadurch nach außen hin unpolar wirkenden Kohlenstoffketten der PTFE-Moleküle. In den kristallinen Regionen des Werkstoffs können die Molekülketten bei Reibbelastung – ähnlich Graphitschichten – Lage für Lage gegeneinander verschoben werden. In den amorphen Bereichen ist der Polymerverbund infolge intermolekularer Verschlaufungen stabiler, jedoch macht dieser Anteil nur ca. 25 bis 50 Gew.-% des Polymers aus. Eine wesentliche Verbesserung der Verschleißfestigkeit wird durch mineralische bzw. metallische Füllstoffe, wie z. B. Kohle, Graphit, Glas- und Kohlefasern und Bronze, oder durch organische Füllstoffe erreicht. Neu entwickelte Spezialcompounds besitzen auch im absoluten Trockenlauf ein deutlich verbessertes Abriebverhalten und eine sehr geringe Einlaufneigung auf der Gegenlauffläche (Abb. 4). Dies ist selbst dann noch der Fall, wenn die Gegenlauffläche ungehärtet ist.

Abb. 4: Langzeitverschleiß (100 h) von ungefülltem PTFE bei hoher Temperatur im Trockenlauf im Vergleich zu verschiedenen Compounds; Reibbedingungen: $v = 4$ m/s, $p = 0{,}42$ N/mm², $T = 100$ °C

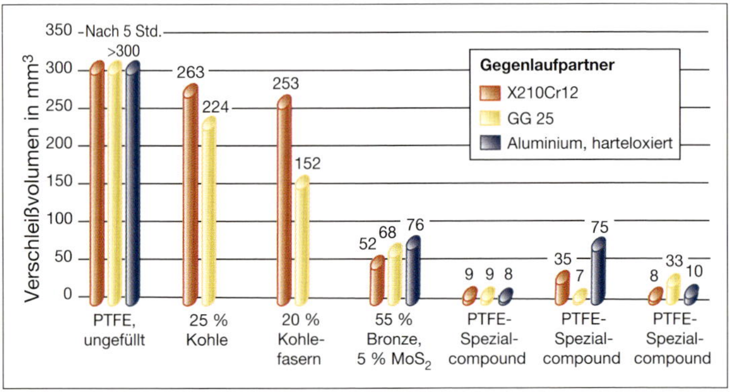

Die Gleitreibungszahl der jeweiligen Laufpaarung spielt beim Abriebverhalten eine untergeordnete Rolle. In weit größerem Umfang hängt der Verschleiß von den Einsatzbedingungen ab: Art des Kontaktmediums, Anpressdruck, Relativgeschwindigkeit, Temperatur und Schmierung. Da kein PTFE-Compound alle Anforderungen gleichzeitig erfüllen kann, muss für den jeweiligen Einsatzfall die am besten geeignete Mischung ermittelt werden.

Verschleißprüfung

Bei der experimentellen Ermittlung des Verschleißes ist zu berücksichtigen, dass jede Prüfmethode eigene Datensätze liefert (Abb. 5). Ein direkter Werkstoffvergleich ist deshalb nur innerhalb jeder einzelnen Prüfmethode und unter gleichen oder ähnlichen Prüfbedingungen möglich. Ziel sollte es immer sein, möglichst praxisnah zu prüfen. Sehr häufig werden Anwendungsfälle im Labor im Maßstab 1:1 abgebildet. Die Planung der Prüfläufe (DoE) und deren Auswertung erfolgt unter Anwendung statistischer Methoden. Mit einem Minimum an Versuchen wird angestrebt, das Parameterfeld optimal abzudecken und den optimalen Betriebspunkt möglichst schnell zu

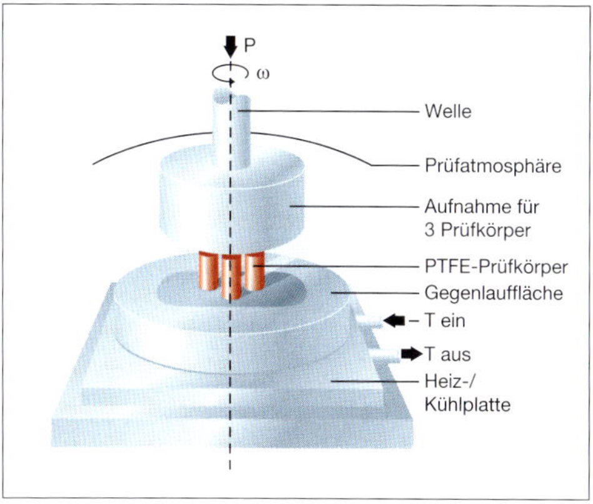

Abb. 5:
Bei der Langzeitverschleißprüfung mit der Stift-Scheibe-Methode (die Scheibe kann sowohl rotierende als auch oszillierende Bewegungen ausführen) erfolgt jede Prüfung als simultaner Dreifachtest, um Fehlmessungen weitgehend zu vermeiden. Veränderbare Prüfparameter:
- *Geschwindigkeit der Antriebswelle (ω)*
- *Prüfkörperanpresskraft (P)*
- *Gegenlauffläche*
- *Temperatur der Gegenlauffläche (T)*
- *Prüfatmosphäre*

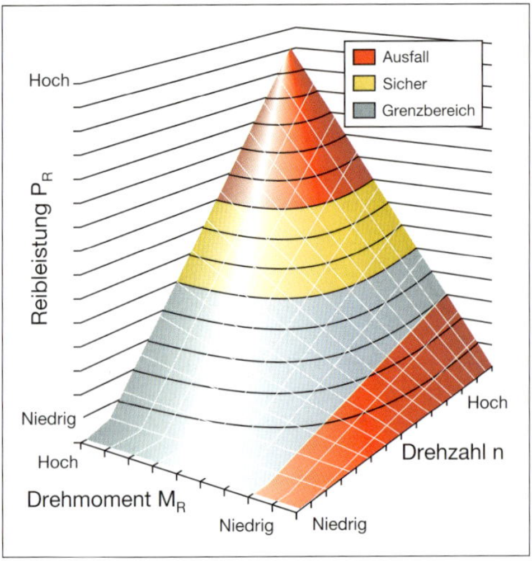

Abb. 6:
Einfluss von Radialkraft, Drehzahl und Reibleistung auf die im Hinblick auf hohe Laufleistung zu optimierende Leckagerate einer Radialwellendichtung;
Prüfbedingungen:
- *Wellendichtring Prüfstand*
- *Ölstand Wellenmitte*
- *Dichtlippenwerkstoff PTFE-Spezialcompound*
- *Druck: 0–10 bar*

ermitteln. Ein Beispiel für die Optimierung einer Radialwellendichtung ist in Abbildung 6 dargestellt.

Thermoplastisch verarbeitbares PTFE

Seit vielen Jahren wurde darauf hingearbeitet, die exzellenten Eigenschaften von PTFE und modifiziertem PTFE mit der Möglichkeit der thermoplastischen Verarbeitbarkeit zu verbinden. Ansätze waren zum einen die Weiterentwicklung der Herstellungsverfahren für modifiziertes PTFE und zum anderen der Einsatz weitergehender polymerchemischer Maßnahmen. Durch die Verbindung dieser Ansätze konnte im Jahr 2006 erstmals ein thermoplastisch verarbeitbares PTFE in den Markt eingeführt werden, das insbesondere hinsichtlich der Temperaturbeständigkeit und der Dauergebrauchstemperatur keine derart drastischen Abstriche mehr verlangt, wie sie in der Ver-

Markteinführung 2006

gangenheit bei einem Vorgehen dieser Art in Kauf genommen werden mussten. Das neuartige Produkt zeichnet sich aus durch:

Ausgezeichnete Verarbeitbarkeit

- maßgeschneiderte Formgebung
- Eignung für die Großserienproduktion
- kurze Durchlaufzeiten
- Angussrecycling (schonender Ressourcenverbrauch)
- niedrigen Betreuungsaufwand
- hohe Prozesssicherheit und Prozessstabilität.

Das thermoplastisch verarbeitbare PTFE erlaubt neuartige und wirtschaftliche Systemlösungen und schließt eine Lücke in der Palette

Basiseigenschaften	**Wert**
Schüttgewicht Prüfverfahren nach DIN EN ISO 60	1200 g/l
Dichte Prüfverfahren nach DIN 53479, Auftriebsverfahren	2,160 g/cm³
Schmelzpunkt Prüfverfahren nach DIN EN ISO 3146	318 °C
Schmelzindex MFR 372/5 Prüfverfahren nach DIN EN ISO 1133	5 g/(10 min)
Mechanische Eigenschaften	
Reißfestigkeit Prüfverfahren nach ASTM D 4894/ DIN 53455 (Platte 2 mm)	25 MPa
Reißdehnung Prüfverfahren nach ASTM D 4894/ DIN 53455 (Platte 2 mm)	380 %
Streckgrenze Prüfverfahren nach ASTM D 4894/ DIN 53455 (Platte 2 mm)	14 MPa
Elastizitätsmodul Prüfverfahren ISO 12086-2, Methode 511 (Platte 2 mm) 23 °C 50 °C 100 °C 150 °C 200 °C	 460 MPa 420 MPa 210 MPa 170 MPa 80 MPa
Deformation unter Last Anlehnung an ASTM D 621; 15 MPa, 23 °C, 100 h, bleibende Verformung	2,4 %
Sonstige Eigenschaften	
Poisson-Zahl	0,4

Tab. 2: Typische Eigenschaften von thermoplastisch verarbeitbarem PTFE (Moldflon®)

der bisher bekannten perfluorierten PTFE-Werkstoffe (PTFE und modifiziertes PTFE) und Fluorthermoplastprodukte (PFA, MFA, FEP und FEP-G). Die Basisdaten des neuen Werkstoffs können der Tabelle 2 entnommen werden. Weiterführende Vorteile sollen im Folgenden eingehend erläutert werden.

Der neuartige Polymeraufbau erlaubt es, noch geringere Kaltflusswerte einzustellen als bei modifizierten PTFE-Compounds (Abb. 7). Mit

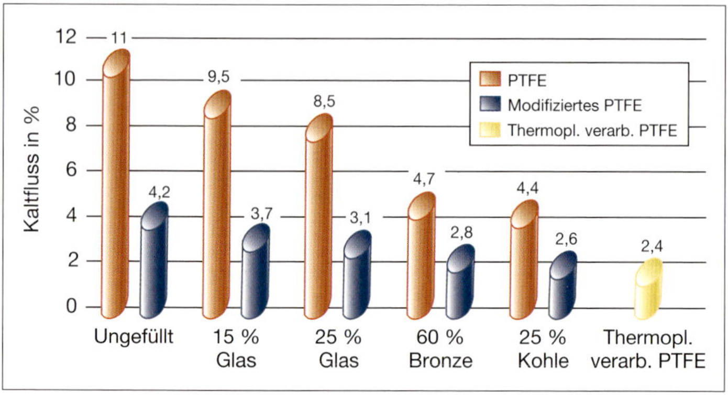

Abb. 7: Kaltfluss von ungefülltem thermoplastisch verarbeitbarem PTFE (Moldflon®) im Vergleich zu PTFE, modifiziertem PTFE und ausgewählten Compounds dieser Werkstoffe

dem thermoplastisch verarbeitbaren PTFE können darüber hinaus füllstoffbedingte Nachteile vermieden werden, u. a. eingeschränkte Chemikalienbeständigkeit, beschränkte Zulassung im Kontakt mit Lebensmitteln oder Sauerstoff oder in anderen kritischen Anwendungen. Zuschlagstoffe in Perfluorpolymeren stören die Kompaktheit der Polymermatrix und verursachen eine erhöhte Porosität und Permeation. Auch diese Nachteile können durch das neue thermoplastisch verarbeitbare PTFE vermieden werden. Hinsichtlich der Chemikalienbeständigkeit, Antihafteigenschaften, Alterungsbeständigkeit und elektrischen Isolation steht das thermoplastisch verarbeitbare PTFE dem klassischen PTFE in nichts nach.

Unverändert positive Eigenschaften

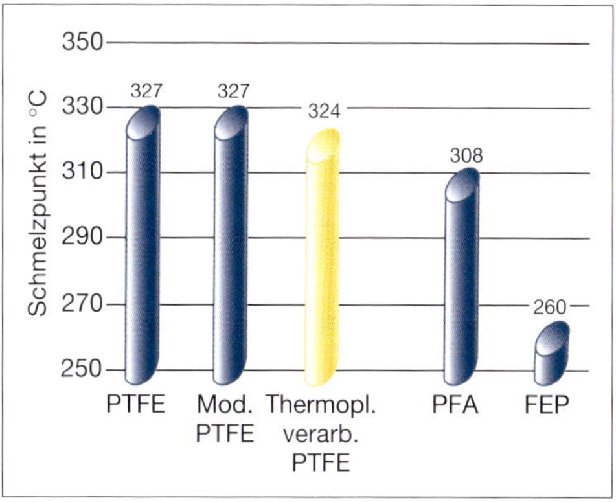

Abb. 8: Hohe Temperaturbeständigkeit von thermoplastisch verarbeitbarem PTFE (Moldflon®)

Unerreichte Temperaturbeständigkeit

Die hohe Temperaturbeständigkeit des thermoplastisch verarbeitbaren PTFE wurde bisher noch von keinem anderen schmelzverarbeitbaren Fluorthermoplast erreicht. Mit einer Schmelztemperatur von 315 °C bis weit über 320 °C hebt es sich von anderen vollfluorierten Fluorthermoplasten wie z. B. PFA, MFA oder FEP signifikant nach oben ab. Auch dies ist ein Ergebnis des neuartigen Polymeraufbaus. Die Lücke zwischen modifiziertem PTFE einerseits und PFA, MFA oder FEP andererseits wird weitestgehend überbrückt (Abb. 8).

Geeignete Anwendungen

Aufgrund dieses Eigenschaftsprofils eignet sich thermoplastisch verarbeitbares PTFE speziell für Anwendungen mit hoher thermischer, chemischer, elektrischer oder mechanischer Beanspruchung. Bei der mechanischen Beanspruchung kann dieser neue Werkstoff seine Vorteile insbesondere bei der Druckbeanspruchung ausspielen.

Herstellung und Aufbereitung von Suspensions- und Emulsions-PTFE

Im Folgenden wird dargestellt, wie die Verfahren der Suspensionspolymerisation und Emulsionspolymerisation verfahrenstechnisch umgesetzt werden und welche Aufbereitungsverfahren angewendet werden, um aus Suspensions-PTFE und Emulsions-PTFE die zur Weiterverarbeitung benötigten Vorprodukte herzustellen.

Suspensions-polymerisation

Bei der Suspensionspolymerisation wird das Monomer TFE in einem Polymerisationsreaktor mit Wasser als Reaktionsmedium in ein hochpolymeres Vorprodukt überführt. Bei der in Abwesenheit eines Emulgators stattfindenden radikalischen Polymerisation können Polymerisationsgrade von bis zu 10^6 und damit Molekulargewichte von bis zu 10^8 g/mol erreicht werden. Das Rohpolymerisat wird anschließend mit einer Schneidmühle bei Wasserüberschuss gemahlen. Danach wird das Reaktionsmedium Wasser in einem mehrstufigen Prozess abgetrennt. Die Herstellung wird durch eine Feinmahlung auf eine mittlere Korngröße im Bereich 15 bis 50 µm abgeschlossen. Diese erfolgt typischerweise in einer Luftstrahlmühle. Der nach diesem Verfahren erhaltene Werkstoff kommt entweder als nicht rieselfähiges Suspensions-PTFE – auch als Presspulver bezeichnet – auf den Markt oder er wird zuvor in weiteren Schritten mit folgenden Verfahren aufbereitet (Abb. 9):

Abb. 9: Aufarbeitungsschema und Produktpalette des Suspensionspolymerisationsverfahrens

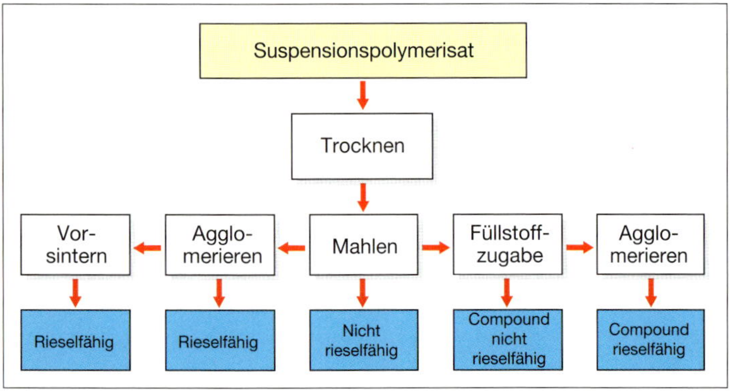

- Durch Agglomerieren wird das nicht rieselfähige Pulver in ein rieselfähiges Suspensions-PTFE mit einer Korngröße zwischen 200 bis 900 µm überführt.
- Durch zusätzliche thermische Behandlung dieses rieselfähigen Suspensions-PTFE erhält man vorgesintertes Suspensions-PTFE.
- Nach Zugabe von Füllstoffen wird das nicht rieselfähige Suspensions-PTFE in nicht rieselfähige Suspensions-PTFE-Compounds überführt.
- Werden diese nicht rieselfähigen Suspensions-PTFE-Compounds zusätzlich einem Agglomerierprozess unterworfen, so erhält man rieselfähige Suspensions-PTFE-Compounds.

Emulsionspolymerisation

Bei der Emulsionspolymerisation wird das Monomer TFE ebenfalls in einem Polymerisationsreaktor mit Wasser als Reaktionsmedium durch radikalische Polymerisation in ein hochmolekulares Vorprodukt überführt, allerdings in Anwesenheit eines Emulgators. Das Polymer fällt in Form einer wässrigen Emulsion an, deren PTFE-Partikel einen Durchmesser im Bereich von 200 bis 280 nm aufweisen. Diese Emulsion kann nach verschiedenen Verfahren aufbereitet werden (Abb. 10):

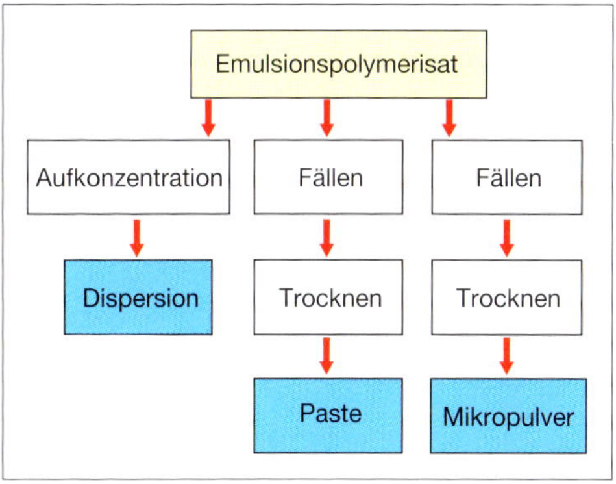

Abb. 10: Aufarbeitungsschema und Produktpalette des Emulsionspolymerisationsverfahrens

- Wird die Emulsion zunächst ausgefällt, koaguliert und in einem mehrstufigen Prozess vom Reaktionsmedium Wasser und dem Emulgator getrennt und anschließend getrocknet, erhält man pulverförmiges Emulsions-PTFE, das auch als Feinpulver oder Pasten-PTFE-Pulver bezeichnet wird. Dieser Werkstoff zeichnet sich durch gute Rieselfähigkeit aus und kann im Pastenextrusionsverfahren (s. S. 32 f.) weiterverarbeitet werden.
- Wird die Emulsion aufkonzentriert und anschließend der für die Polymerisation erforderliche Emulgator durch ein anderes nichtfluoriertes Tensid ersetzt, erhält man eine PTFE-Dispersion. Solche Dispersionen werden z. B. für die Beschichtung von Bratpfannen oder temperaturbeständigen Textilgeweben eingesetzt.
- Durch Ausfällen und Trocknen einer Dispersion aus speziell niedermolekular eingestelltem Emulsions-PTFE entsteht PTFE-Mikropulver. Solche Pulver werden vor allem als Additive für Kunststoffe oder Farben sowie zur Viskositätserhöhung bei Schmiermitteln verwendet.

Vom Vorprodukt zum Produkt

Designkriterien

Sonderstellung von PTFE und FTP

Ordnet man die Fluorpolymere, insbesondere Standard-PTFE, modifiziertes PTFE, thermoplastisch verarbeitbares PTFE und die Gruppe der Fluorthermoplaste in das Gesamtumfeld Kunststoffe ein, so erkennt man sofort die Sonderstellung dieser Produktgruppe. In Abbildung 11 sind die PTFE-Werkstoffe und die Fluorthermoplaste hinsichtlich der *Dauergebrauchstemperatur* und der *Wärmeformbeständigkeit* den übrigen Kunststoffen gegenübergestellt. Während die Fluorpolymere hinsichtlich der Dauergebrauchstemperatur aufgrund ihrer hervorragenden Eigenschaften eine Sonderstellung einnehmen, weisen sie im Hinblick auf die Wärmeformbeständigkeit Nachteile auf. Durch diese Schwäche im Eigenschaftsprofil können sie nur bedingt als selbsttragende Konstruktionswerkstoffe eingesetzt werden. PVDF, das sich hinsichtlich seiner mechanischen Kennwerte positiv

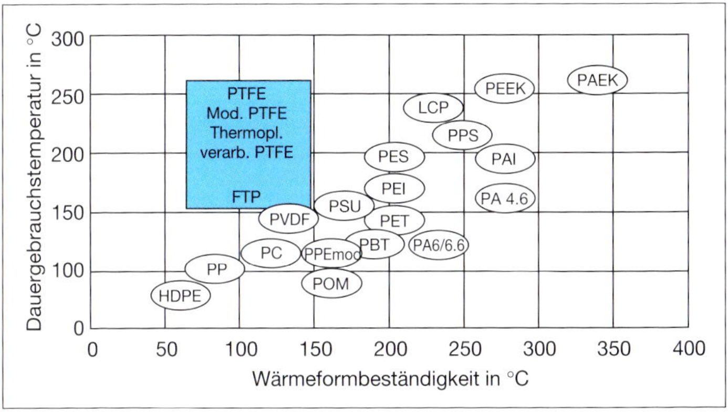

Abb. 11: Vergleich von PTFE, modifiziertem PTFE, thermoplastisch verarbeitbarem PTFE (Moldflon®) und Fluorthermoplasten (FTP) mit anderen Kunststoffen hinsichtlich der Dauergebrauchstemperatur und Wärmeformbeständigkeit

Grenzfall PVDF

von den übrigen Fluorpolymeren absetzt, kann noch am ehesten als Konstruktionswerkstoff bezeichnet werden. Es wird deshalb häufig im Armaturenbau zur Herstellung von Vollkunststoff-Systemlösungen verwendet. PVDF wird auch eingesetzt, um komplette Rohrleitungssysteme für Anwendungen in der Halbleiterindustrie zu fertigen und um Reinstchemikalien herzustellen, zu lagern und zu transportieren.

Streckgrenze

Zur Charakterisierung der mechanischen Werkstoffeigenschaften werden bevorzugt Werte für die Reißfestigkeit oder die Reißdehnung angegeben. Diese Art der Produktcharakterisierung kann für den Rohstoffhersteller geeignet sein, die Konstanz der Qualität des Produkts nachzuweisen, ist allerdings für den Designingenieur ohne jede Bedeutung. Zur Erläuterung dieser Tatsache zeigt Abbildung 12 die Spannungs-Dehnungs-Kurve von modifiziertem PTFE. Nach dieser Darstellung weist modifiziertes PTFE eine Festigkeit von ca. 38 N/mm^2 und eine Reißdehnung von ca. 600 % auf. Für die Auslegung von Kunststoffbauteilen sind jedoch nicht die Werte der Zerstörung

Abb. 12: Spannungs-Dehnungs-Kurve am Beispiel von modifiziertem PTFE

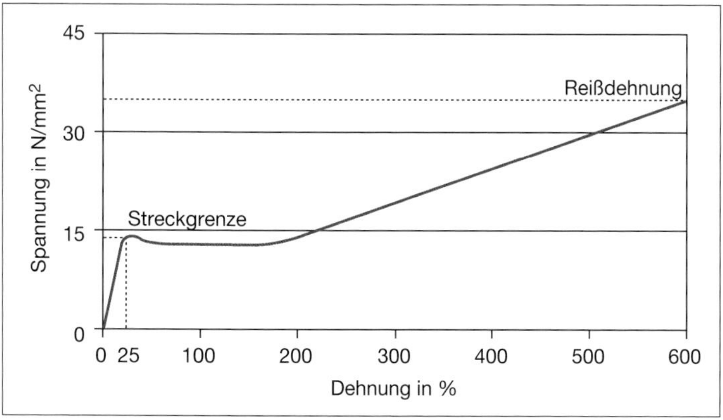

des Kunststoffs entscheidend, sondern, der Weichheit der Fluorpolymere Rechnung tragend, diejenigen Werte, bei denen der Kunststoff beginnt, seine Eigenschaften zu verändern. Im vorgegebenen Beispiel sind diese Werte durch die Streckgrenze definiert, also den Punkt in der Spannungs-Dehnungs-Kurve, an dem der Werkstoff zu fließen beginnt. Die charakteristischen Größen für die Streckgrenze bei modifiziertem PTFE betragen nur noch ca. 14 N/mm^2 Spannung bzw. 25 % Dehnung. Diese Werte muss der Designingenieur für die Bauteilauslegung zugrunde legen.

Streckgrenze: beginnendes Fließen

Chemische Beständigkeit

Außer durch hohe Dauergebrauchstemperatur zeichnen sich insbesondere die vollfluorierten Vertreter der Fluorpolymergruppe durch ausgezeichnete chemische Beständigkeit aus.

Einwirkung	Auswirkung
Fluorierte Kohlenwasserstoffe	Aufquellen, bei kurzfristiger Exposition reversibel, bei längerem Kontakt irreversibel
Alkalimetalle, gelöst oder geschmolzen	Eliminierung von Fluor und Polymerzerstörung
Halogene, elementares Fluor, Chlortrifluorid	Bei erhöhten Temperaturen u. U. heftige chemische Reaktion mit Materialzerstörung
Nitriersäure (Gemisch aus konzentrierter Schwefel- und Salpetersäure)	Über 100 °C langsame Materialzersetzung, Carbonisierung
Monomere: u. a. Styren, Butadien, Acrylnitril	Penetrieren möglich Bei spontaner Polymerisation Aufquellen oder Polymerzerstörung: Popcorn-Effekt
Ionisierende Strahlung (Gamma- und Betastrahlung)	Eine Strahlendosis von 10 kGy kann die Festigkeit um mehr als 50 % reduzieren.

Tab. 3: Vollfluorierte Fluorpolymere zeichnen sich durch eine nahezu universelle Chemikalienbeständigkeit aus. Nur wenige Ausnahmen sind zu berücksichtigen.

Während man allgemein bei Kunststoffen zur Beschreibung der chemischen Eigenschaften Beständigkeitslisten gegenüber einer Vielzahl von aggressiven Medien oder Lösemitteln verwendet, beschreitet man bei vollfluorierten Fluorpolymeren den entgegengesetzten Weg.

Wenige Ausnahmen

Ausgehend von einer nahezu universellen Chemikalienbeständigkeit fasst man lediglich die Ausnahmen zusammen und verwendet diese zur Charakterisierung der Beständigkeit (Tab. 3).

Permeation

In der Praxis tritt manchmal der Fall auf, dass eine Systemlösung unter Verwendung eines vollfluorierten Fluorpolymers nicht zur vollständigen Zufriedenheit funktioniert, obwohl der verwendete Konstruktionswerkstoff unter chemischen Gesichtspunkten beständig ist. Ursache für die Probleme ist in solchen Fällen häufig Permeation. Bei diesem Vorgang dringt eine Chemikalie oder ein Lösemittel in das Fluorpolymer ein oder durchdringt dieses sogar, ohne den Werkstoff chemisch anzugreifen. Wissenschaftlich betrachtet versteht man unter Permeation das Produkt aus Diffusion und Löslichkeit (Abb. 13).

Diffusion mal …

Aufgrund der brownschen Molekularbewegung verteilen sich Chemikalien, nachdem sie in einen Werkstoff eingedrungen sind, nach bestimmten Gesetzmäßigkeiten in alle Richtungen. Dieser Vorgang wird als Diffusion bezeichnet. Je tiefer der Siedepunkt einer Chemikalie bzw. des betreffenden Lösemittels liegt, desto stärker macht sich die Diffusion bemerkbar.

… Löslichkeit

Die Löslichkeit einer Substanz in einem Kunststoff wird im Wesentlichen durch seine chemische Ähnlichkeit zu dem Matrixwerkstoff bestimmt. Je ähnlicher sich die Substanz und der Kunststoff sind, desto kritischer ist die

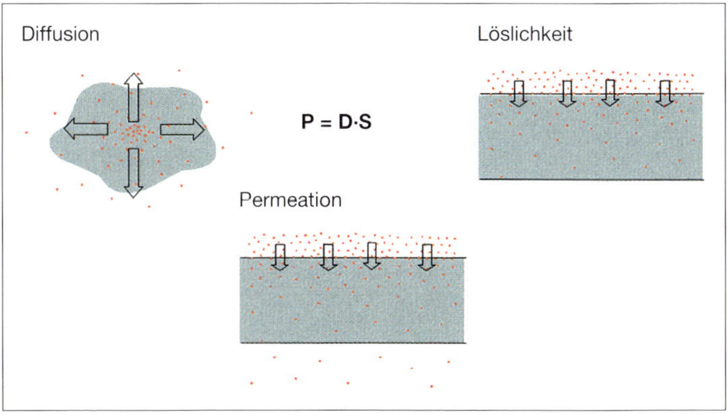

Abb. 13: Permeation: Zusammenwirken von Diffusion und Löslichkeit
P: Permeationskoeffizient
D: Diffusionskoeffizient
S: Löslichkeitskoeffizient

Löslichkeit zu sehen. Die chemische Ähnlichkeit ist z. B. die Ursache, warum Fluorchlorkohlenwasserstoffe (FCKW) geeignete Lösemittel sind, um Fluorpolymere zu quellen. Dieser Quelleffekt kann bei kurzzeitiger Exposition reversibel sein, er kann aber bei längerer Einwirkzeit zum Systemausfall führen.
Welche Möglichkeiten hat nun der Anwender, permeationsbedingte Probleme zu verhindern oder, falls dies nicht möglich sein sollte, zumindest zu minimieren? Einflussfaktoren zur Verringerung der Permeation sind:

Verringerung der Permeation

- Verwendung von modifiziertem PTFE anstelle von Standard-PTFE; dadurch lässt sich die Permeation im Idealfall um ca. 50 % reduzieren.
- Erhöhung der Schichtstärke: Permeation und Schichtstärke verhalten sich umgekehrt proportional.
- Reduzierung der Einsatztemperatur: durch Temperaturabsenkung um 12 bis 15 °C lässt sich die Permeationsrate halbieren.

Ein typischer Anwendungsfall, bei dem sich auch durch Zusammenwirken der vorgenannten Maßnahmen eine Permeation nicht vollständig verhindern lässt, ist der Korrosionsschutz von Chemieanlagen gegenüber aggressivem Chlorwasserstoffgas (HCl) bei hohen Temperaturen durch Fluorpolymerauskleidungen. In diesem Fall lässt sich Korrosion auch über Jahre hinweg sicher vermeiden, indem das vorhandene Restgas gezielt abgeführt wird. Abbildung 14 zeigt eine Destillationskolonne, die mit einer Fluorpolymerfolie ausgekleidet ist, im Querschnitt. Es besteht kein fester Verbund zwischen der Fluorpolymerfolie und der Kolonnenwand, weshalb diese Konstruktion auch als »Lose-Hemd-Auskleidung« bezeichnet wird. Die Fixierung der Auskleidungsfolie innerhalb der Destillationskolonne erfolgt durch Bördeln und Einspannen im Flanschbereich.

Abb. 14: Korrosionsschutz durch »Lose-Hemd«-Auskleidung einer Destillationskolonne mit einer Fluorpolymerfolie

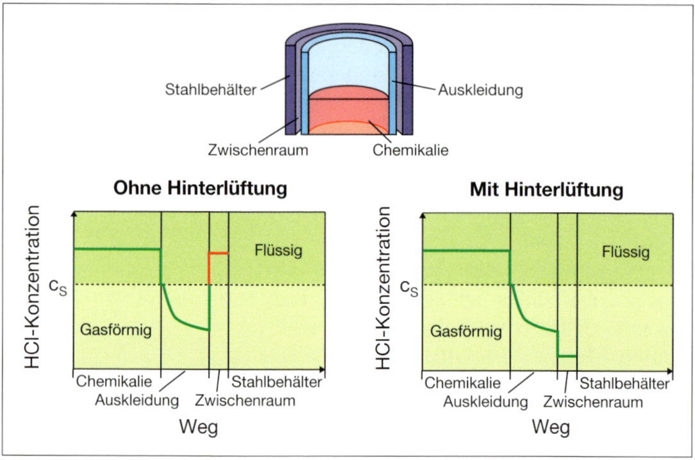

Links: Wegen fehlender Hinterlüftung reichert sich HCl-Gas zwischen der Folie und dem Stahlbehälter so stark an, dass Korrosion einsetzt.
Rechts: Durch Hinterlüftung wird das eindiffundierte HCl-Gas gezielt abgeführt und Korrosion dauerhaft vermieden.
c_S Sättigungskonzentration

Auf der linken Seite ist die Einbausituation ohne Hinterlüftung dargestellt. Der Chlorwasserstoff diffundiert in gasförmigem Zustand langsam durch die Auskleidungsfolie und reichert sich im Zwischenraum zwischen der Auskleidungsfolie und dem Stahlbehälter an.

Nach Überschreiten der Sättigungskonzentration tritt Kondensation (Verflüssigung) ein, und damit sind alle Voraussetzungen für Korrosion gegeben.
Auf der rechten Seite ist die Einbausituation mit eingebauter Hinterlüftung dargestellt: Der langsam durch die Auskleidungsfolie in den Zwischenraum diffundierende gasförmige Chlorwasserstoff wird gezielt abgeleitet, sodass die Sättigungskonzentration nicht erreicht werden kann. Da für den Korrosionsprozess neben einem elektrochemischen Potenzial auch ein Elektrolyt zugegen sein muss, kann durch die Maßnahme der Hinterlüftung eine Korrosion sicher vermieden werden.
Durch eine wirksame thermische Isolierung der Gesamtkonstruktion lässt sich die Korrosionsgefahr noch weiter verringern: Je höher die Temperatur im Bereich zwischen der Auskleidungsfolie und dem Stahlbehälter ist, desto unwahrscheinlicher ist es, dass der Taupunkt des mit vorgegebener Konzentration eindiffundierten Chlorwasserstoffs unterschritten wird. Auch dann würde eine Kondensation einsetzen.

Standard-Verarbeitungsverfahren

Für die Verarbeitung von Suspensions-PTFE stehen vier verschiedene Standardverfahren zur Verfügung:

- hydraulisches Pressen
- automatisches Pressen
- isostatisches Pressen
- Ramextrusion.

Hydraulisches Pressen

Beim hydraulischen Pressen wird das PTFE-Pulver bzw. das daraus hergestellte Compound in einem ersten Schritt zunächst bei Pressdrücken zwischen 120 und 700 bar verdichtet und nach der Entnahme aus der Pressform freistehend in einem Umluftofen gesintert. Hierbei erhalten die Endprodukte ihre eigentliche Festigkeit.

Automatisches Pressen

Beim automatischen Pressen erfolgen das Dosieren des Pulvers in die Pressform, das Pressen und das Auswerfen des verdichteten Produkts in einem automatisch ablaufenden Prozess. Das Verfahren eignet sich insbesondere für Teile mit einfacher Geometrie, die aber in hoher Stückzahl herzustellen sind. Nach dem Verpressen der Teile werden diese in einem nachgeschalteten Sinterprozess in die gewünschten Endprodukte überführt (Abb. 15).

Isostatisches Pressen

Das isostatische Pressen stellt eine Besonderheit dar, da es insbesondere für die PTFE-Verarbeitung in verschiedene Varianten weiterentwickelt wurde. Das allen Varianten zugrunde liegende Prinzip besteht darin, dass eine elastische Membran, die mit Wasser oder einer Hydraulikflüssigkeit druckbeaufschlagt wird, das PTFE-Pulver verdichtet. Der einwirkende Pressdruck komprimiert das PTFE-Pulver aus verschiedenen Richtungen, aber immer mit dem gleichen Druck. Nach dem Entformen werden auch isostatisch gepresste PTFE-Teile

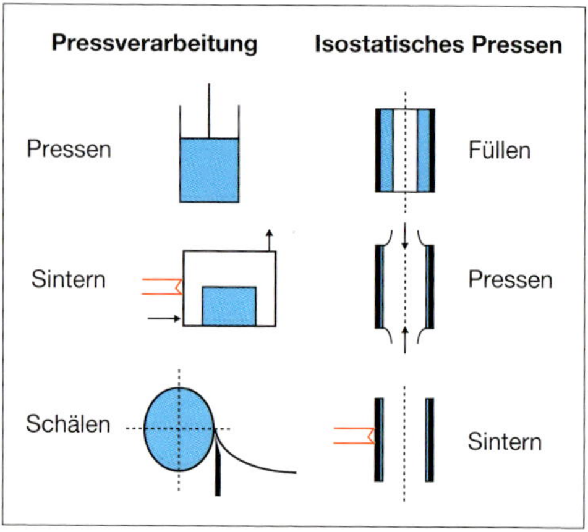

Abb. 15: Die verschiedenen Pressverfahren für Suspensions-PTFE

in einem anschließenden Sinterprozess in die Endprodukte überführt.

Den bisher genannten Verarbeitungsverfahren für Suspensions-PTFE ist eines gemeinsam: Das Verpressen und Sintern erfolgt in zwei getrennten, aufeinanderfolgenden Schritten. Werden diese beiden Schritte zu einem zusammengefasst, spricht man von der Ramextrusion.

Ramextrusion

Bei der Ramextrusion wird das PTFE-Pulver mittels eines periodisch einwirkenden Stempels schubweise durch ein beheiztes Rohr gedrückt, wobei der für die Verdichtung erforderliche Pressdruck entweder ausschließlich über die Wandreibung oder durch eine zusätzliche Bremse generiert wird. Entlang des Extrusionsrohrs sind verschiedene Heizzonen installiert, über die ein Temperaturprofil erzeugt wird, das ein vollständiges Durchsintern des PTFE-Produkts während des Extrusionsprozesses sicherstellt. Insbesondere einfache Geo-

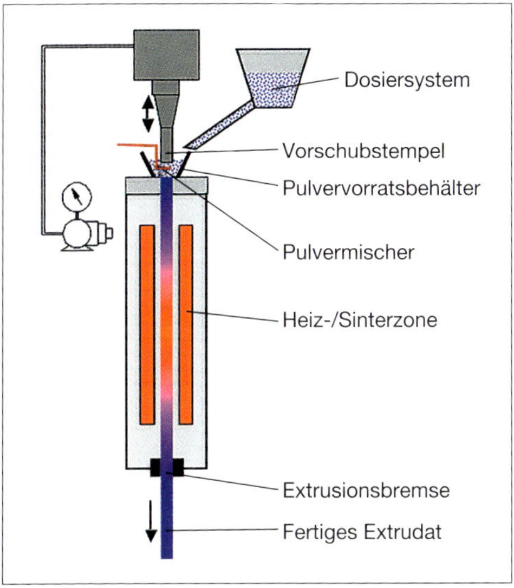

Abb. 16: Ramextrusionsverfahren: wirtschaftliche Herstellung von PTFE-Halbzeugen einfacher Geometrie

metrien wie z. B. Rohre oder Stäbe werden mit dem wirtschaftlichen Ramextrusionsverfahren hergestellt (Abb. 16). Nachteilig können sich die vergleichsweise hohen inneren Spannungen auswirken, mit denen das Produkt belastet

Pulvereinstellung	Hydraulisches Pressen	Automatisches Pressen	Isostatisches Pressen	Ramextrusion
Nicht rieselfähig	Ja	Nein	Ja	Nein
Rieselfähig	Ja	Ja	Ja	Ja
Vorgesintert	Nein	Nein	Nein	Ja

Tab. 4: Pulvereinstellung bei der Verarbeitung von Suspensions-PTFE

ist. Dies ist insbesondere dann der Fall, wenn ein nachfolgender Zerspanungsprozess erforderlich ist, um Teile mit hoher Maßhaltigkeit herzustellen. Tabelle 4 zeigt, welche Produkte für die jeweiligen Verfahren geeignet sind.

Pastenextrusion

Die Verarbeitung von Emulsions-PTFE erfolgt ausschließlich mit dem Pastenextrusionsverfahren. Bei diesem Verfahren wird das Pasten-PTFE-Pulver zunächst mit einem Gleitmittel

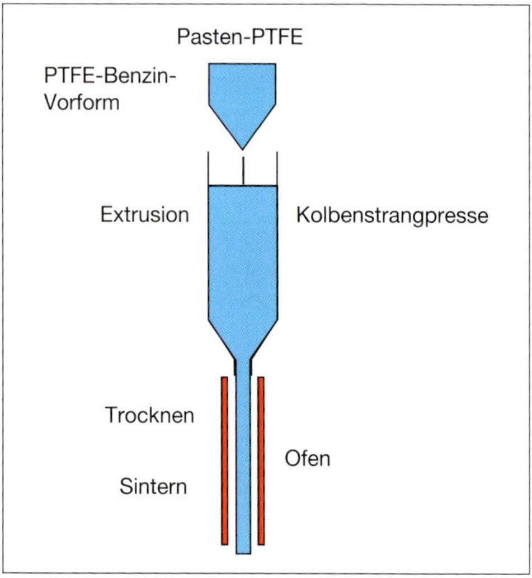

Abb. 17: Schematische Darstellung des Verarbeitungsprozesses von Emulsions-PTFE

versetzt – meist werden hierfür Benzine unterschiedlicher Siedefraktionen eingesetzt – und anschließend über eine Kolbenstrangpresse zu Halbzeugprofilen wie z. B. Schläuchen, Rohren oder Strängen verarbeitet (Abb. 17). Diese Halbzeuge werden dann zunächst in einem Trocknungsschritt vom Benzinzusatz befreit und danach durch Sinterung in das Endprodukt – z. B. Schläuche oder Rohre – überführt. Zur Herstellung von gereckten Pastenbändern wird der extrudierte Strang zunächst durch Kalandrieren in eine Folie überführt, die dann, ähnlich dem Herstellungsprozess von Schläuchen oder Rohren, getrocknet wird. Die Folie wird aber anschließend nicht gesintert, sondern durch Recken bei Temperaturen unterhalb des Kristallitschmelzpunkts in das gewünschte Endprodukt überführt.

PTFE-Spezialprodukte

Spezielle Verarbeitungsverfahren erlauben die Herstellung von porösem PTFE, Laminaten und neuartigen Compounds. Dadurch werden die ursprünglichen PTFE-Eigenschaften in verschiedene Richtungen erweitert und neue Anwendungen für PTFE-Produkte erschlossen.

Poröses PTFE

Vollständig gesintertes Suspensions-PTFE

Durch Anwendung eines speziellen Press- und Sinterverfahrens kann Suspensions-PTFE zu porösem PTFE verarbeitet werden. Die Pulvereigenschaften werden so auf den Pressdruck abgestimmt, dass eine statistische Porengrößenverteilung bei der Verpressung erhalten wird. Die Wahl der Prozessparameter stellt somit sicher, dass auch nach dem Sintern eine poröse Struktur vorliegt. Dieses Spezialprodukt unterscheidet sich grundsätzlich von nicht oder nur teilgesintertem porösem PTFE, das aus Emulsions-PTFE hergestellt und für atmungsaktive Zwischenschichten z. B. in Jacken oder Handschuhen zum Schutz vor Nässe verwendet wird.

Porengröße

Die durchschnittliche Porengröße des vollständig gesinterten porösen PTFE kann innerhalb des sehr breiten Bereiches von ca. 1 bis 50 µm eingestellt werden. Abbildung 18 zeigt die Struktur eines vollständig gesinterten porösen PTFE, wie sie in einem Rasterelektronenmikroskop sichtbar ist.

Abb. 18: Struktur von porösem PTFE

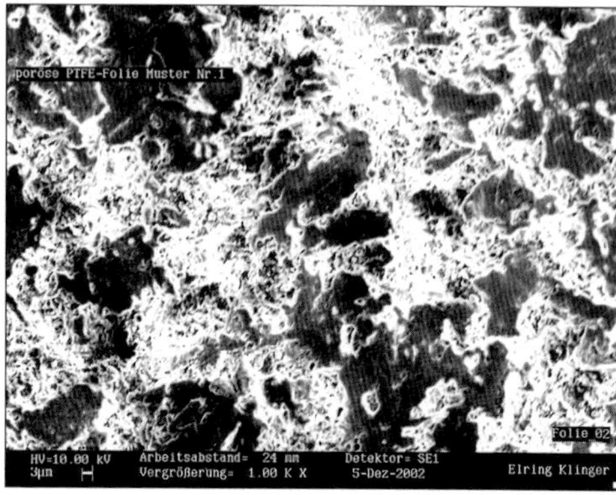

Mechanische Festigkeit

Eines der wesentlichen Merkmale dieses Werkstoffs ist seine hohe mechanische Festigkeit, die selbsttragende Konstruktionen ermöglicht. Er setzt sich diesbezüglich positiv von alternativen Produkten ab, die nicht gesintert und deshalb mechanisch sehr fragil sind und in der Anwendung häufig gestützt werden müssen.

Übliche Parameter zur Charakterisierung von porösem PTFE für Anwendungen in der Medientrennung sind die Luftdurchlässigkeit und die Wassersäulenbeständigkeit. Für Foliendicken im Bereich von 0,1 bis 3,0 mm ergeben sich die in Abbildung 19 gezeigten repräsentativen Werte für diese Parameter.

Optische Anwendungen

Poröses PTFE eignet sich in hervorragender Weise auch für optische Anwendungen, da es

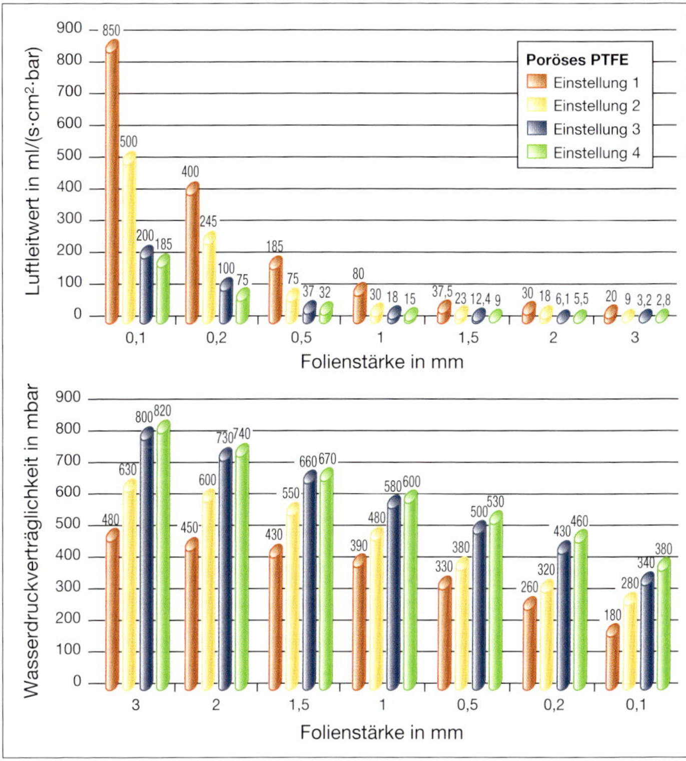

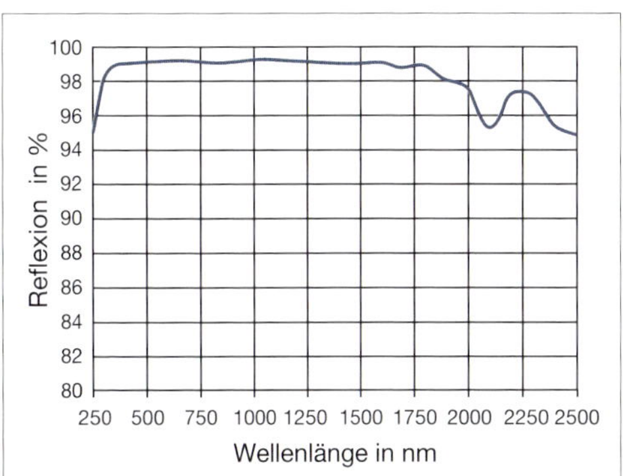

Abb. 19 (oben): Luftdurchlässigkeit (oben) und Wassersäulenbeständigkeit (unten) von repräsentativen Einstellungen von porösem PTFE

Abb. 20: Das Reflexionsspektrum von porösem PTFE

ein hohes Reflexionsvermögen für Lichtstrahlung im ultravioletten, sichtbaren und nahen infraroten Wellenlängenbereich aufweist (Abb. 20). Zwischen 300 und 1800 nm ist das Reflexionsvermögen sogar nahezu konstant und damit unabhängig von der Wellenlänge. Typische Anwendungen sind Ulbrichtkugeln zur Messung diffuser Reflexion und gestreuter Transmission, zur Charakterisierung von Lichtquellen wie z. B. Glühlampen oder Leuchtdioden (LED) oder zur Leistungsmessung von Lasern, Laserdioden oder Leuchtdioden. Daneben wird poröses PTFE aber auch für lambertsche Reflektoren und Diffusoren eingesetzt. Diese finden Verwendung z. B. als Reflexionsnormale, Projektionswände oder Detektionssensoren und optische Abschwächer (Abb. 21).

Abb. 21: Ulbrichtkugeln aus porösem PTFE

Laminate auf der Basis von PTFE und modifiziertem PTFE

2- bis 7-lagiger Aufbau

Unter Laminaten versteht man verstärktes PTFE, das sich zum einen aus einer PTFE-Folie oder -Platte und zum anderen aus einem Substrat aufbaut. Die Werkstoffschichten sind fest miteinander verbunden. Als Substrate kommen Gewebe, Fasern oder Gewirke, aber auch Folien zum Einsatz. Die Substrate bestehen z. B. aus Glas, Metall, Keramik oder aus einem Elastomer oder Hochleistungspolymer. Der Aufbau eines Laminats kann aus zwei oder mehr Schichten bestehen. Konstruktionen, die aus bis zu sieben Lagen bestehen, sind keine Seltenheit.

Abbildung 22 zeigt eine Folie aus leitfähigem PTFE, kaschiert mit Glasgewebe. Eine Kaschierung mit Kohlefasergewebe wäre ebenfalls möglich zur Verbesserung der Chemikalienbeständigkeit – insbesondere für Anwendungen, die im Kontakt mit Flusssäure stehen. Typische Anwendungen sind Auskleidungen

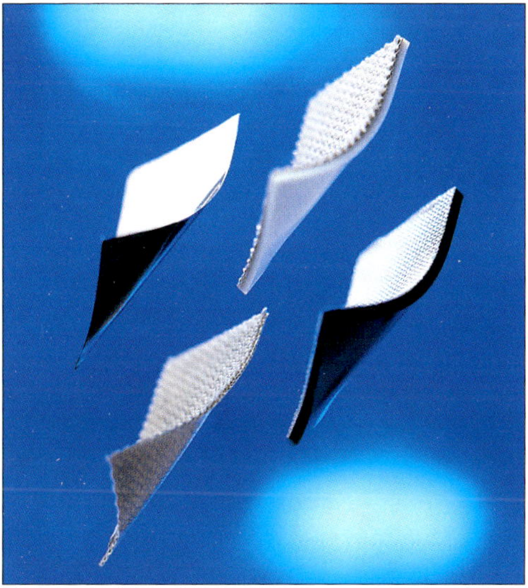

Abb. 22: Laminat mit leitfähiger PTFE-Folie

Typische Anwendungen

im Anlagenbau, Bauteile für Elektro- und Elektronikanwendungen, Membranen im Pumpen- oder Sensorenbau oder optisch durchlässige Verbunde für textiles Bauen (Abb. 23).

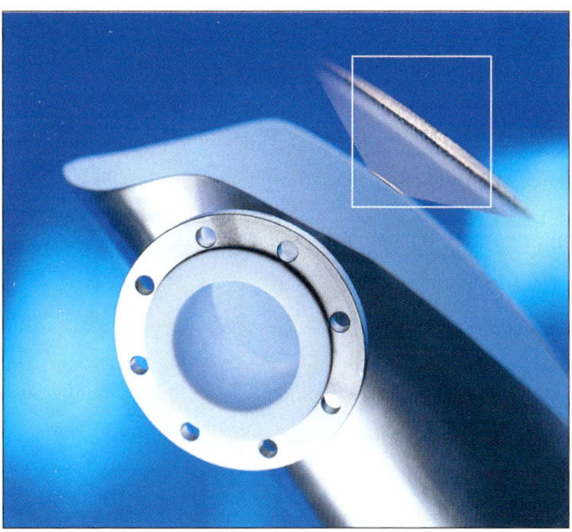

Abb. 23: Aufbau und Anwendungen von Laminaten auf Basis von PTFE und modifiziertem PTFE am Beispiel einer Kesselauskleidung

Laminate auf der Basis von Standard-PTFE zeichnen sich durch die folgenden Eigenschaften aus:

Produktvorteile

- hervorragende und universelle Chemikalienbeständigkeit
- sehr breiter Temperatureinsatzbereich, nach oben begrenzt üblicherweise nur durch die Beständigkeit des verwendeten Klebstoffs
- sehr gute Antihafteigenschaften
- Form- und Spannungsrissbeständigkeit
- kein Verspröden und keine Alterung.

Bei Verwendung von modifiziertem PTFE als Folienwerkstoff werden diese Eigenschaften noch verstärkt durch:

- dichtes und porenarmes Polymergefüge
- geringe Permeabilität
- bessere Verschweißbarkeit.

Anisotropes PTFE-Compound

C-Fasern als Füllstoff

Mit einem speziellen Verfahren ist es möglich, ein mit Kohlenstofflangfasern (C-Fasern) verstärktes PTFE-Compound mit anisotropem Eigenschaftsprofil herzustellen; die Kohlenstofflangfasern sind hauptsächlich in der X-Y-Ebene ausgerichtet (Abb. 24). Dieser neuartige

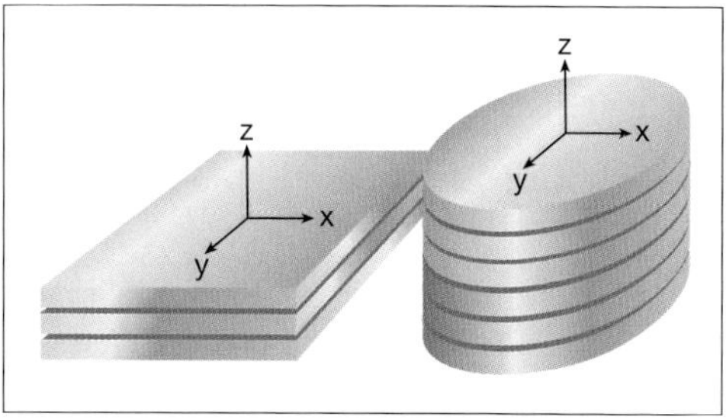

Abb. 24: Aufbau des anisotropen PTFE-Compounds (XYMON)

Werkstoff wird dementsprechend als Platte, Scheibe oder Ring gefertigt. Er zeichnet sich aus durch:

- nahezu universelle Chemikalienbeständigkeit
- extrem hohe Reißfestigkeit
- hohe Druckbeständigkeit
- extreme Kaltflussresistenz
- hohe Abriebbeständigkeit.

Im Vergleich zu ungefülltem PTFE oder typischen Compounds mit Kohle- oder Glasfaserfüllstoff ist der Zuwachs an Leistungsfähigkeit – parallel zur Faserrichtung gemessen – enorm (Tab. 5). Die sehr gute Chemikalienbeständigkeit der Kohlenstofflangfasern und die Tatsache, dass diese vom Fluorpolymer eng umschlossen sind, führen zu der einzigartigen Beständigkeit, die der von reinem PTFE sehr nahe kommt. Der Werkstoff kann beispielsweise in Flusssäure, Salzsäure, Phosphorsäure, Mineralölen, Tetrahydrofuran und vielen anderen Medien eingesetzt werden. Typische Anwendungsbeispiele sind Ventildichtungen, Lager, Armaturen, Ventilsitze, Flachdichtungen, Pumpenflügel, Ventilkomponenten, Kolbenringe und Dichtungen für die Automobilindustrie.

Eigenschaft	XYMON Typ 1	XYMON Typ 2	PTFE 25 % Kohle	PTFE 25 % Glasfaser	PTFE ungefüllt
E-Modul	10 000 MPa*	5000 MPa*	–	800 MPa	750 MPa
Reißfestigkeit	60 MPa*	45 MPa*	15 MPa	17 MPa	33 MPa
Deformation unter Last	< 1 %	< 2 %	4,5 %	8,5 %	11 %

*Tab. 5: Eigenschaften des anisotropen PTFE-Compounds im Vergleich zu herkömmlichen PTFE-Werkstoffen (*parallel zur Faserrichtung)*

Anwendungsbeispiele

Fallbeispiele aus der Praxis

Systemlösungen auf der Basis von PTFE

Welche Systemlösungen lassen sich mit Produkten auf der Basis von PTFE realisieren? Ausgehend von den besonderen Anforderungen der jeweiligen Anwendung wird diese Frage anhand von konkreten Beispielen aus verschiedenen Branchen beantwortet. Es wird beschrieben, wie die Problemstellung durch geeignete Werkstoffauswahl in Verbindung mit dem richtigen Produktdesign gelöst wurde.

Dichtungen für die Automobilindustrie

PTFE-Gleitringe in CVT-Getrieben

Stufengetriebe wie Handschaltgetriebe, Automatikgetriebe, automatisierte Schaltgetriebe und Doppelkupplungsgetriebe stellen immer einen Kompromiss zwischen Fahrdynamik, Verbrauch und Fahrkomfort dar. Die stufenlose variable Übersetzung eines CVT-Getriebes ermöglicht hingegen optimale Kraftübertragung. Die Vorteile des Systems liegen im hohen Fahrkomfort, der ruckfreien Kraftübertragung, dem geringen Kraftstoffverbrauch und der sehr kompakten Bauform. Zum Zeitpunkt der Entstehung des Buches eignen sich CVT-Getriebe für Motordrehmomente bis ca. 420 Nm und können somit nicht die gesamte Motorenpalette der oberen Mittelklasse abdecken. Folgende Anforderungen werden an die Dichtelemente gestellt:

Anforderungen an die Dichtelemente

- Temperatureinsatzbereich –40 °C bis +120 °C
- Druckbelastung bis maximal 60 bar
- axialer Hub bis 20,5 mm innerhalb von 1,3 s
- Lebensdauer mindestens 3000 h
- Medium: Automatikgetriebeöl.

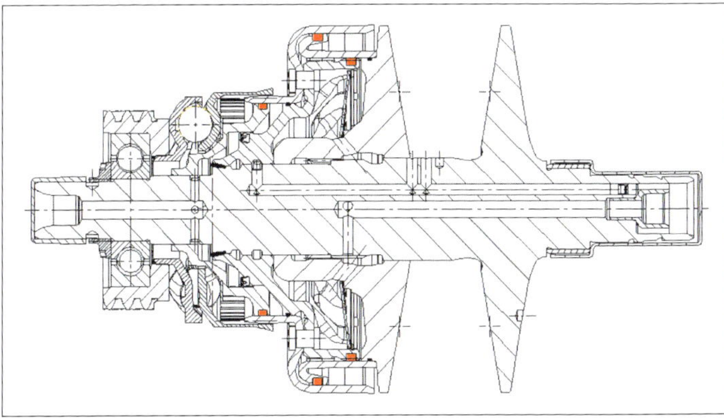

Abbildung 25 zeigt ein CVT-Getriebe im Schnitt. Kernstück des Getriebes ist der Variator, bestehend aus zwei Kegelscheiben und einem Umschlingungsmittel (Laschenkette). Durch die stufenlose Veränderung des axialen Abstands der beiden Kegelscheiben wird die Übersetzung ebenfalls stufenlos geregelt. Die Laschenkette überträgt das Drehmoment kraftschlüssig. Die axiale Verstellung der Kegelscheibe erfolgt hydraulisch. Um die beiden Hydraulikräume zu trennen, kommen PTFE-Gleitringe mit Elastomervorspannung zum Einsatz (Abb. 26). Die Gleitringe müssen eine sehr gute Druck- und Verschleißbeständigkeit aufweisen.

Abb. 25: Schnittzeichnung eines CVT-Getriebes mit rot eingefärbten PTFE-Gleitringen

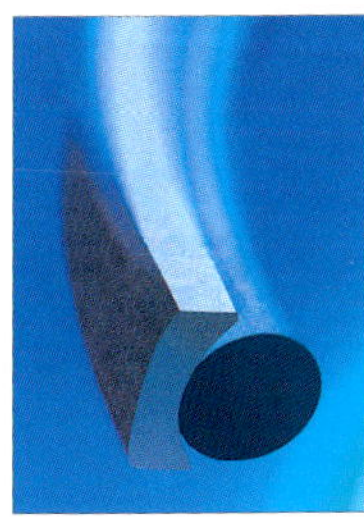

Abb. 26: PTFE-Gleitring mit O-Ring-Unterstützung

Reibungsoptimierte PTFE-Wellendichtringe für die Formel 1

Zu Beginn der Entwicklung des Wellendichtrings für die Kurbelwelle eines Formel-1-Motors wurde ein Produkt angestrebt, das gut abdichtet, eine sehr geringe Reibleistung vorzuweisen hat sowie schnell verfügbar und den enormen Anforderungen in der Formel 1 gewachsen ist. Zu den technischen Anforderungen zählten:

- Beständigkeit gegenüber Hightech-Synthetikölen
- Überbrückung eines kurzzeitigen Mangelschmierzustands im Bereich der Dichtstelle
- hohe Dichtheit bis 19 000 U/min – bei einem Kurbelwellendurchmesser von 55 mm entspricht dies Umfangsgeschwindigkeiten bis 56 m/s
- Lebensdauer über ein einziges Rennen bzw. 20 Stunden.

Vom Standardbauteil …

Erprobt wurde zunächst ein flexibler Standard-Wellendichtring mit Staublippe, der aufgrund seiner speziellen Bauart für hohe Umfangsgeschwindigkeiten bis etwa 30 m/s geeignet ist. Versuche zeigten, dass der Standard-Wellendichtring dieser Aufgabe gewachsen war. Nach Simulation mehrerer Rennen auf dem Motorenprüfstand war kein nennenswerter Verschleiß festzustellen, der Wellendichtring erfüllte somit die in der Formel 1 gestellten Dichtheitsanforderungen. Nach den positiven Erfahrungen im Testeinsatz dieses Standard-Wellendichtrings wurden die Anforderungen modifiziert. Ziel war es, Gewicht zu reduzieren und anstatt eines Edelstahlgehäuses aus V2A ein leichteres Gehäuse einzusetzen. Außerdem sollten die Reibleistung weiter verringert und die Außenmaße des Wellendichtrings dem Gehäuse angepasst werden.

… zum Formel-1-Wellendichtring

Der Wellendichtring (Abb. 27) wird nun komplett und massiv aus PTFE gefertigt. Somit sitzt die Dichtlippe stets exakt konzentrisch – montagebedingte Abweichungen treten nicht auf. Die Gehäuseform des Wellendichtrings wurde so gestaltet, dass die Dichtlippe gezielt mit Öl benetzt wird und der Wellendichtring optimal und mit geringstem Platzbedarf in das Kurbelwellengehäuse eingebaut werden kann. Die statische Abdichtung erfolgt über einen O-Ring. Auch die weitere Steigerung der Lebens-

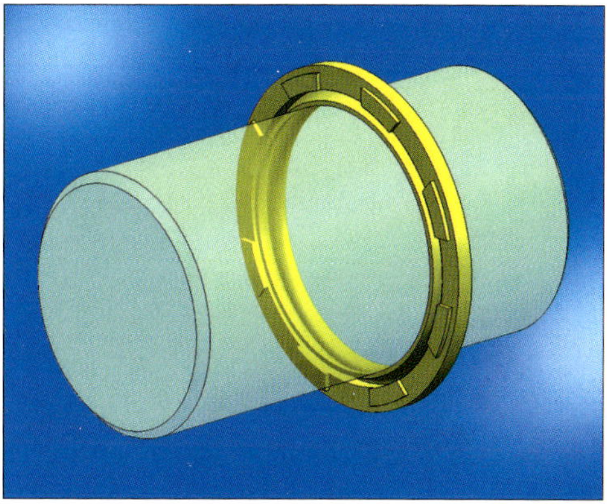

Abb. 27: Wellendichtring für die Kurbelwelle im Formel-1-Motor

dauererwartung auf zwei Rennwochenenden bzw. maximal 100 Stunden ist mit diesem Wellendichtring kein Problem.

PTFE-Dichtungen in Benzin-Direkteinspritzsystemen

Bei Ottomotoren mit Benzin-Direkteinspritzung wird das Luft-Kraftstoff-Gemisch direkt in den Brennkammern gebildet. Durch das Einlassventil strömt nur die zur Verbrennung erforderliche Luft; der Kraftstoff wird mit einem Hochdruck-Einspritzventil direkt in die Brennkammer geleitet. Diese Aufbereitung des Luft-Kraftstoff-Gemischs erhöht die Motorleistung, ermöglicht einen geringeren Kraftstoffverbrauch und sorgt für geringere Schadstoffemissionen.

Bei neuen Benzin-Direkteinspritzsystemen werden Kraftstoffdrücke bis zu 200 bar mit einer zentralen Hochdruckpumpe erzeugt. Der komprimierte Kraftstoff wird direkt zu den Hochdruckeinspritzventilen geleitet. Diese Einspritzventile dosieren und zerstäuben den Kraftstoff in sehr kurzer Zeit in die Brennkammern. PTFE-Dichtungen finden sowohl in der Hochdruckpumpe (Abb. 28) als auch in den

Einsatz in Hochdruckpumpe ...

Abb. 28: Prüfstand für Dichtungen in Benzineinspritzpumpen

... und Einspritzventilen

Hochdruckeinspritzventilen Anwendung. Als Hochdruckpumpen werden häufig Kolbenpumpen eingesetzt, deren Kolben über die Nockenwelle angetrieben werden. Hierdurch ergeben sich folgende Anforderungen an die Dichtelemente:

- hohe Verschleißfestigkeit, um die hohen, axialen Kolbengeschwindigkeiten bis zu 3 m/s zu ertragen
- hohe Druckstabilität mit Druckpulsationen bis zu einer Amplitude von 24 bar im Dichtbereich
- für den Automobilbau typisches breites Temperatureinsatzgebiet von –40 °C bis +150 °C
- sehr gute Gleiteigenschaften, um Reibverlustleistungen zu vermeiden
- spezielle Dichtungsgeometrie für die Trennung von Kraftstoff und Motoröl
- chemische Beständigkeit gegen alle handelsüblichen Kraftstoffe und Motoröle.

Aufgrund der genannten, extremen Anforderungen kommen als Dichtungswerkstoffe nur sehr verschleißfeste, druck- und temperaturstabile Werkstoffe in Frage. In der ersten Entwicklungsstufe kamen gepresste Rohlinge (Presspulvertyp) zum Einsatz. Durch die Um-

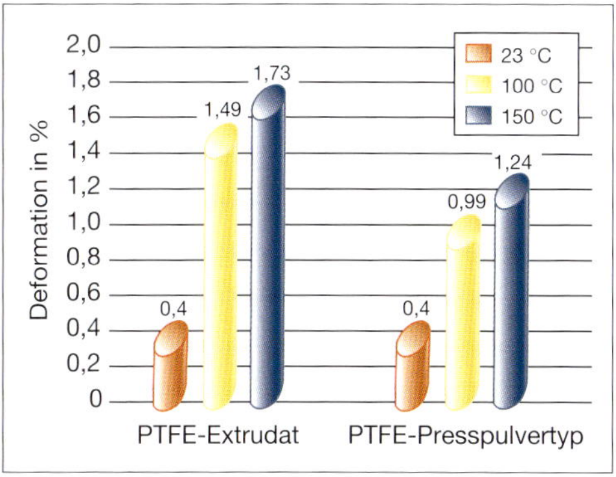

Abb. 29: PTFE-Deformationsvergleich unterschiedlicher Herstellverfahren; Prüfparameter:
- *Druckbelastung: 5 N/mm²*
- *Prüftemperaturen: 23 °C, 100 °C, 150 °C*
- *Belastungszeit: 24 h*
- *Prüfkörperabmessungen: 11,2 x 2 mm*

stellung auf extrudierte Stäbe mit ausreichender Druckstabilität konnte die Produktion wesentlich vereinfacht werden (Abb. 29). PTFE als Basismaterial bringt die chemische Beständigkeit und die guten Gleiteigenschaften, verschiedene Kombinationen anorganischer und organischer Füllstoffe sorgen für die Verschleißfestigkeit und Druckstabilität.

Da die Dichtungen in den Hochdruckkolbenpumpen zudem noch die beiden Medien Kraftstoff und Motoröl trennen müssen, werden besondere Anforderungen an die Dichtungskonstruktion und -geometrie gestellt. Zum Einsatz kommen doppelt wirkende Dichtungssysteme: Benzinseitig werden die PTFE-Dichtlippen mit Edelstahlfederelementen unterstützt, um eine über den gesamten Betriebstemperaturbereich gleichbleibende Anpresskraft der Dichtlippen an den Kolben zu gewährleisten. Motorölseitig werden Dichtlippen mit Memoryeffekt verwendet – PTFE-Compounds lassen sich mit einem Rückerinnerungsvermögen ausstatten. Die motorölseitigen Dichtlippen werden durch thermische Prozesse so umgeformt, dass radiale Anpresskräfte an die Gegenlaufflächen erzeugt werden. Auf diese Weise werden beide Medien zuverlässig von-

Dichtlippen in Memory-Bauweise

einander getrennt. Die in verschiedenen geometrischen Varianten verfügbaren federunterstützten Nutringe aus hoch verschleißfesten PTFE-Mischungen ermöglichen eine sichere Abdichtung von Hochdruckkolbenpumpen über eine sehr lange Lebensdauer von bis zu mehr als 4000 Stunden im Fahrzeugbetrieb.

PTFE-Dichtungen in Luftfederkompressoren

Luftfederkompressoren werden in der Luftfederung oder der Niveauregulierung von Personenfahrzeugen der Mittel- und Oberklasse, aber auch von leichten Nutzfahrzeugen und SUV eingesetzt, um die benötigte Druckluft zu erzeugen. Die Luftfederung hat die Aufgabe, den Fahrkomfort zu erhöhen. Außerdem kann bei höheren Geschwindigkeiten das Niveau des Fahrzeugaufbaus abgesenkt werden, um die Straßenlage zu verbessern und dadurch einen Sicherheitsgewinn zu erzielen. Die Niveauregulierung sorgt speziell bei Kombis und leichten Nutzfahrzeugen für ein konstantes Niveau des Fahrzeugaufbaus und somit für gleich bleibende Federwege auch bei hoher Zuladung. Dies verbessert das Fahrverhalten deutlich.
Folgende Anforderungen werden von den Fahrzeugherstellern an die Dichtelemente in Luftfederkompressoren gestellt:

- Verdichtungsdruck bis maximal 20 bar
- temperaturbeständig von –40 °C bis +200 °C
- Lebensdauer 1000 h
- trockenlauffähig.

Dichtungen für Taumelkolbenkompressoren

Man unterscheidet zwischen Taumelkolbenkompressoren und Hubkolbenkompressoren: Beim Taumelkolbenkompressor führt der Kolben (Abb. 30) im Zylinder eine Taumelbewegung von maximal 9° aus. Zum Einsatz kommen spezielle gasdichte, ballige Kolbenringe

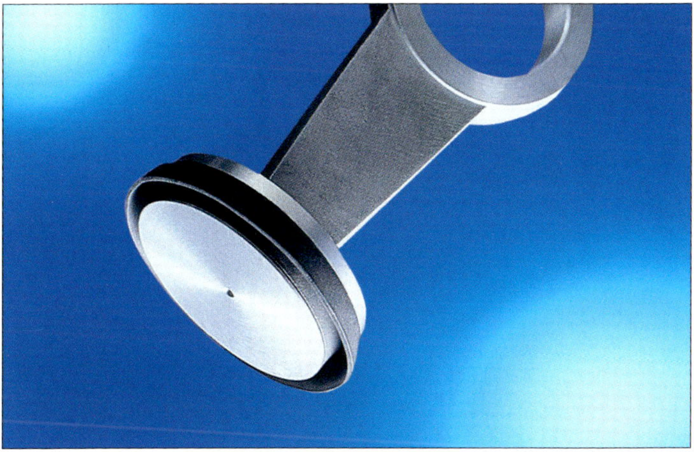

Abb. 30: Taumelkolbenlösung für Kompressoren in der Kfz-Industrie

oder Memory-Manschetten. Diese haben die Aufgabe, die Abdichtung des Verdichterraums zum Kurbelraum sicherzustellen, damit der benötigte Druck im Kompressor erzeugt werden kann. In dieser Anwendung handelt es sich um einen einstufigen Verdichter, das heißt, die Luft wird in einer Stufe auf den erforderlichen Druck von maximal 20 bar verdichtet.

Dichtungen für Hubkolbenkompressoren

Beim Hubkolbenkompressor führt der Kolben im Zylinder eine lineare Bewegung aus. Für die Abdichtung kommen spezielle gasdichte Kolbenringe und Memory-Manschetten zum Einsatz. Ein Kolbenring mit gasdichtem Stoß wird aufgrund der minimalen Leckagemenge gewählt (Abb. 31). Zusätzlich wird die Führung des Kolbens im Zylinder mit PTFE-Führungsringen realisiert.

Im Gegensatz zum Taumelkolbenkompressor handelt es sich beim Hubkolbenkompressor dieser Anwendung um einen zweistufigen Verdichter. In der ersten Stufe wird die Luft auf einen Druck von 4 bis 6 bar verdichtet. Diese verdichtete Luft gelangt direkt in die zweite

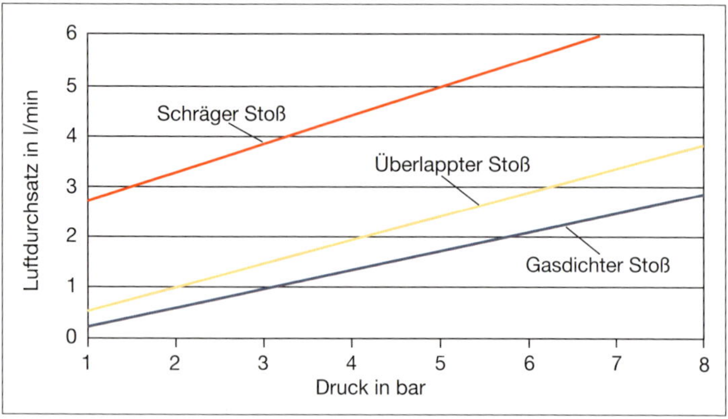

Abb. 31: Wirkungsgrad unterschiedlicher Kolbenring-Stoßarten

Zuverlässig unter schwierigsten Bedingungen

Stufe, in der sie dann auf den Enddruck von maximal 20 bar verdichtet wird.

Aufgrund der Verdichtung erwärmen sich die Dichtelemente bei beiden Systemen auf eine Temperatur von bis zu 200 °C bei hoher Druckbelastung. Dies allein stellt schon eine große Herausforderung an den Werkstoff dar. Aber auch bei –40 °C und auf 4000 m Höhe muss der Kompressor innerhalb einer vorgegebenen Zeit den erforderlichen Druck zur Verfügung stellen. Bei Zeitüberschreitung würde eine Fehlermeldung im Fahrzeug erfolgen; dies würde einen ungeplanten Werkstattaufenthalt nach sich ziehen. Dank der speziell abgestimmten PTFE-Hochleistungswerkstoffe kann man diesen Anforderungen gerecht werden.

Sensortechnik für die Automobilindustrie

PTFE-Bauteile in Lambdasonden an Abgaskatalysatoren

Um die Schadstoffemissionen von Ottomotoren zu minimieren, sind genaueste Luft-Kraftstoff-Gemischaufbereitungen erforderlich. Diese können nur erreicht werden, wenn die Abgaszusammensetzung ständig gemessen und die zugeführte Kraftstoffmenge entsprechend dem Messergebnis sofort nachgeregelt wird. Als wichtigster Messfühler im Regelkreis zur katalytischen Abgasreinigung wird die Lambdasonde verwendet. Im Abgaskrümmer oder Sammelrohr angebracht, liefert sie eine Aussage darüber, ob das Luft-Kraftstoff-Gemisch fetter (höherer Kraftstoffanteil) oder magerer (höherer Luftanteil) eingestellt werden muss. Auf diese Weise wird kontinuierlich für eine optimale Verbrennung des Luft-Kraftstoff-Gemischs gesorgt.

Die häufigste Bauweise der Lambdasonde ist die Nernstsonde. Das Herzstück bildet ein Keramikelement, das sich mit einer Seite im Abgasstrom befindet und mit der andere Seite in Verbindung mit der Außenluft steht. Die Sauerstoffkonzentrationen auf den beiden Seiten des Keramikelements sind daher unterschiedlich. Aufgrund der besonderen Eigenschaften der Keramik lässt sich an der Sonde eine elektrische Spannung abgreifen, die in definierter Weise (Nernstgleichung) vom Konzentrationsunterschied abhängt. Abhängig von der gemessenen Sondenspannung wird die Gemischaufbereitung laufend nachgeregelt.

Extrem temperaturfest

Wegen der extrem hohen Temperaturen am Keramikelement von bis zu 300 °C werden für die Kabelführungen (Tüllen) und Schutzschläuche (Formschläuche) hochtemperaturbeständige Kunststoffe benötigt (Abb. 32). PTFE bietet für diese Anwendung ideale Voraussetzungen wie z. B:

- hohe Temperaturbeständigkeit, kurzzeitig bis 300 °C (Abb. 33)
- sehr gute chemische Beständigkeit gegen Abgasbestandteile
- sehr gute elektrische Isolationseigenschaften

Abb. 32: Formschlauch und Tülle in der Lambdasonde

- hohe Formstabilität bei Druck auf die PTFE-Tülle zur Kabelführung und Isolation
- hohe Biegewechselfestigkeit der PTFE-Formschläuche.

Isolieren und Abdichten

Die PTFE-Tülle wird zur Kabelführung und Kabelisolation in der Lambdasonde einge-

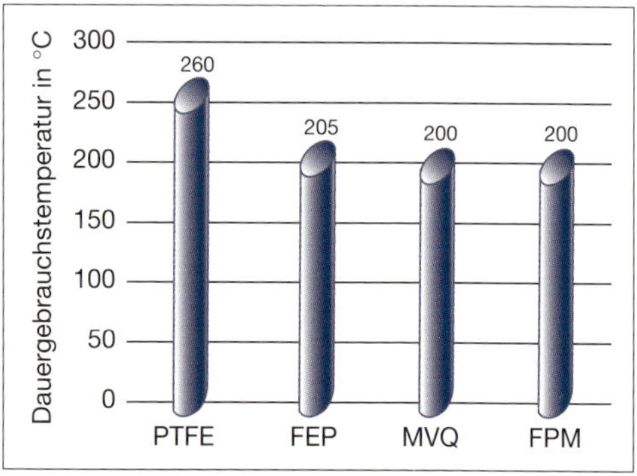

Abb. 33: Temperatureinsatzgrenzen von PTFE im Vergleich mit anderen Kunststoffen

setzt. Sie dient zur elektrischen Isolation der PTFE-Kabel und gleichzeitig als Dichtelement gegenüber der Atmosphäre. Sehr häufig werden formstabile PTFE-Glasfaser-Mischungen verwendet, weil diese zum einen sehr gut isolieren und zudem sehr formstabil unter Temperaturbelastung sind. PTFE-Formschläuche dienen als Kabelknickschutz und als Dichtung gegenüber äußeren Einflüssen wie z. B. Spritzwasser, Kaltreiniger und Motoröl. Sie werden durch ein besonderes Blasformverfahren hergestellt. Als Rohling dient ein durch Pastenextrusion erzeugter PTFE-Schlauch, der in besonderen Werkzeugen zum Formschlauch geblasen wird. Beide Bauteile zusammen sind extrem wichtig, um die Lambdasonde gegen Knicken zu schützen, die Temperaturbeständigkeit am Katalysator zu gewährleisten und die Dichtheit der Lambdasonde zu garantieren.

Temperaturbeständiger Knickschutz

PTFE-Schutzkappen an Lenkwinkelsensoren

Moderne Elektroniken und Lenkwinkelsensoren ermöglichen unterschiedliche Abstimmungen bei elektrischen und elektrohydraulischen Servolenkungen. In seiner Basisfunktion erfasst der Lenkwinkelsensor berührungslos die Winkelstellung des Lenkrads und damit auch den Einschlagwinkel der Räder.

Neue Lenksysteme wie z. B. Aktivlenkungen sorgen durch optimiertes Lenk- und Fahrverhalten für die Stabilisierung des Fahrzeugs. Die Lenkübersetzung wird variabel gestaltet, d. h., bei niedriger Fahrzeuggeschwindigkeit reagiert das Fahrzeug direkt auf die Lenkbewegungen, mit steigender Geschwindigkeit jedoch zunehmend indirekt. So werden gemeinsam mit dem elektronischen Stabilitätsprogramm (ESP) Übersteuerungstendenzen erkannt und das Fahrzeug durch automatisches Gegenlenken wieder stabilisiert.

Lenkwinkelsensoren benötigen eine Schutzkappe, vor allem dann, wenn der Sensor direkt mit dem Lenkgetriebe gekoppelt ist. Die Schutzkappe muss folgende Anforderungen erfüllen:

- Schutz der Sensorelektronik gegen Lenkgetriebeöl
- Diffusionsdichtheit gegen Wasserdampf und Lenkgetriebeöl
- Temperaturbeständigkeit von –40 °C bis +150 °C
- geringer dynamischer Reibungskoeffizient, da ein Magnet über der Schutzkappe eine Schwenkbewegung ausführt
- Verbindungsmöglichkeit mit spritzfähigem Silikon oder Ausgießmaterial.

Hochgradig diffusionsdicht

In der hier vorgestellten Anwendung wird eine PTFE-Schutzkappe aus einem besonders diffusionsdichten PTFE-Material eingesetzt (Abb. 34). Ihre Kontur wird durch ein PTFE-Formblasverfahren hergestellt. Bei diesem Verfahren wird eine PTFE-Folie erhitzt und im heißen Zustand sowie unter Druck in eine Form geblasen. Auf diese Weise kann nahezu jede Kontur materialsparend und wirtschaftlich hergestellt werden. Um eine Verbindungs-

Abb. 34: Lenkwinkelsensor mit montierter Schutzkappe

Verbindungsfähig durch Plasmaätzen

möglichkeit zum Einspritzmaterial – z. B. Silikon – zu ermöglichen, wird die PTFE-Schutzkappe an ihrer Innenkontur mittels eines Plasmaverfahrens angeraut, sozusagen angeätzt. Nur so lässt sich das antiadhäsive PTFE mit anderen Werkstoffen verbinden. Mit dem beschriebenen Fertigungsverfahren der Formblastechnik und der Verwendung besonderer PTFE-Basismaterialien können die besonderen Anforderungen im Bereich der Automobilindustrie wirtschaftlich erfüllt werden.

Membranen für die Pumpen- und Armaturenindustrie

Membranen sind hermetische Dichtungen zwischen zwei Räumen, die in der Regel unterschiedliche Medien enthalten und/oder unter unterschiedlichen Drücken stehen. Anders als bei Kolben- und Stangendichtungen tritt an der Membran keine Leckage durch Verschleppung auf. An die Toleranzen und Oberflächen der benachbarten Teile werden geringe Ansprüche gestellt.

Formmembran in einem Füllventil

Folgende besonderen Anforderungen muss die nachfolgend beschriebene Formmembran im Füllventil einer Flaschenabfüllanlage (Abb. 35) erfüllen:

- gute Biegewechselfestigkeit
- nahezu universelle chemische Beständigkeit
- sehr gute Sterilisierbarkeit
- temperaturbeständig im Bereich von –60 °C bis +200 °C
- FDA-zugelassener Werkstoff
- hohe Flexibilität
- geringste Diffusion.

Herkömmliche Membranwerkstoffe …

Bis heute wird als Formmembran im Füllventil einer Flaschenabfüllanlage meist eine reine Elastomermembrane oder eine PTFE-Elasto-

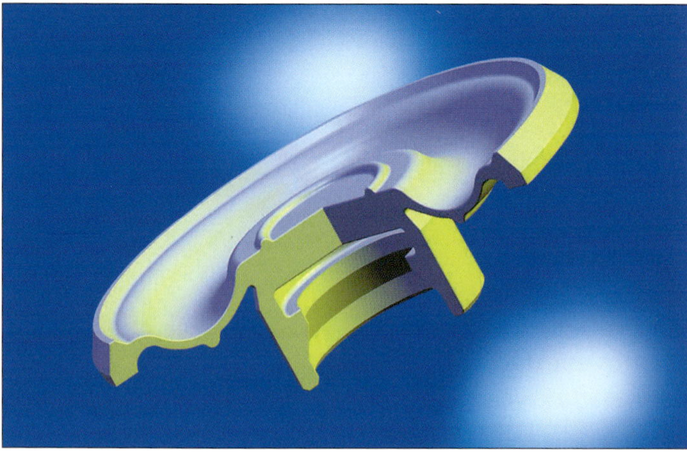

Abb. 35: Formmembran für Flaschenabfüllanlagen

mer-Verbundmembran eingesetzt. Die Entwicklung von Mehrschichtmembranen ist allerdings aufwändig. Aufgrund der Komplexität der Fertigung können Schwankungen der Membraneigenschaften auftreten, die zu vorzeitigem Ausfall der Bauteile führen. Weil spezielle Werkzeuge notwendig sind, sind solche Membranen auch teuer.

… mit typischen Schwachstellen

Spezielle Probleme treten bei der Abfüllung von Bier auf: Schaumrückstände bleiben an der Membran haften und kristallisieren aus. Dadurch kann die Membran verkleben. Dies führt sehr schnell zum Herausreißen von Elastomerteilen beim Schaltvorgang. Der Anwender wird aber auch noch mit anderen Schwachstellen konfrontiert: Aggressive Medien können den Elastomerrücken trotz einer PTFE-Auflage angreifen, weil diese Medien durch die meist dünne Folie diffundieren. Oft lösen sich die Schichten bereits im normalen Betrieb voneinander ab, wenn es aufgrund der unterschiedlichen Elastizitäts- (E-Moduln) und Schubmoduln (G-Moduln) der verwendeten Materialien zu inhomogenen Spannungsverteilungen kommt, welche die Grenzschicht belasten. Diese Eigenart schränkt häufig die Lebensdauer einer Verbundmembran ein.

Membranen aus reinem PTFE

Für die Anwendung in der Lebensmittelindustrie ist deshalb die Verwendung einer reinen PTFE-Membran sinnvoll. Die mechanischen und antiadhäsiven Eigenschaften sind wesentlich besser und das Material besitzt eine FDA-Zulassung. Die extreme Widerstandskraft von PTFE gegen häufiges Verbiegen – dieses Verhalten hat PTFE zum bevorzugten Material für Membranen gemacht und ist von keinem anderen Thermoplasten bekannt – ist beim Einsatz als Füllventilmembran von großem Vorteil.

Optimierte PTFE-Werkstoffe

Mit dem optimierten PTFE-Werkstoff können alle geforderten Werte der Dauerfestigkeit erfüllt werden. So übertrifft dieses Material das Standard-PTFE in der Dauerfestigkeit um das Dreifache, das modifizierte PTFE sogar um das Zehnfache (Abb. 36). Die Vorteile des modifizierten PTFE, dazu gehören eine verringerte Permeation, ein reduzierter Kaltfluss und eine glatt zerspanbare Oberfläche, bleiben jedoch erhalten. Die optimale Geometrie der

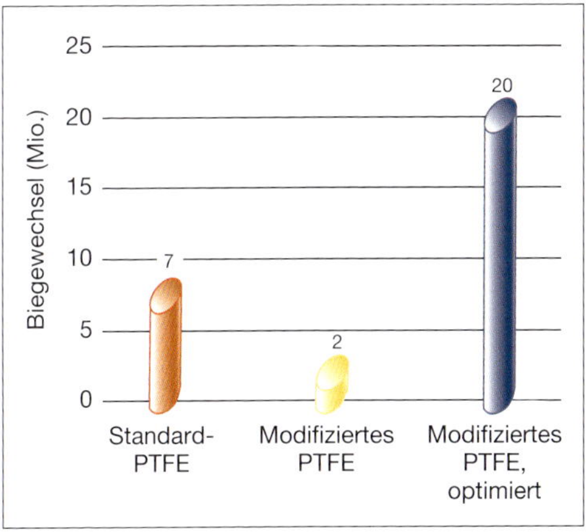

Abb. 36: Biegewechselprüfung verschiedener PTFE-Qualitäten: Ein nach SPI normiertes, 1 mm starkes Folienstück (Prüfkörper) wird mit 4 Hz um jeweils 90° in beide Richtungen geknickt. Bei einem vollständigen Bruch der Knickstelle stoppt die Prüfvorrichtung.

PTFE-Membran hängt von der Art der Herstellung ab – formend oder zerspanend. Durch die Optimierung hinsichtlich des Membranmaterials und der Membrangeometrie arbeiten die Füllventile problemlos: In der Praxis wird eine Standzeit von über 20 Millionen Schaltzyklen erreicht.

Isolierdüsen für Hochspannungsschalter

Abb. 37: Isolierdüse (links) in verschiedenen Schaltstellungen: Beim Schaltvorgang (Mitte) ist wegen der hohen thermischen und mechanischen Beanspruchung hohe Abbrandfestigkeit erforderlich. In Schaltstellung »Aus« ist die dielektrische Beanspruchung hoch.

Die Isolier- bzw. Löschdüse eines Hochspannungsschalters ist ein entscheidender Bestandteil der Stromunterbrechungseinheit. In ihr wird das aus der Schaltkammer ausströmende Löschgas (SF_6) geführt und in den oberen Schalterbereich ausgeblasen. Bei der Trennung des Spannungsschalters entsteht bei der anliegenden Spannung ein Lichtbogen der mithilfe des Gases gelöscht wird.

Die in Abbildung 37 gezeigte PTFE-Isolierdüse eines Hochspannungsschalters besteht aus einem PTFE-Compound, das absolut be-

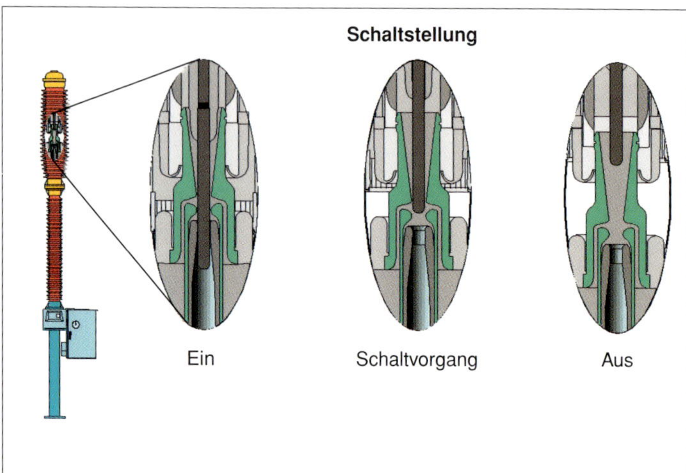

ständig gegenüber Chemikalien (Säuren, Laugen), temperaturbeständig bis 260 °C im Dauerbetrieb (kurzzeitig bis 300 °C), unbrennbar und – für die Anwendung im Schalter sehr wichtig – ein hervorragender Isolator ist. Dem PTFE wird ein spezieller Füllstoff zugesetzt, der entscheidend für das Ausschaltvermögen und die Lebensdauer des Schalters ist und darüber hinaus die Düse einfärbt. Die Zusammensetzung dieses Füllstoffs ist ein streng gehütetes Geheimnis eines jeden Schalterherstellers. Um den Materialverbrauch zu minimieren, werden die Rohlinge isostatisch vorgepresst, gesintert und anschließend in die endgültige Form gedreht (Abb. 38).

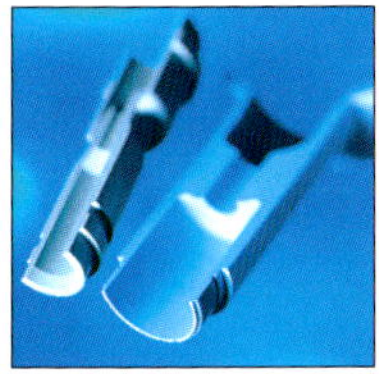

Abb. 38: Isolierdüse für Hochspannungsschalter

Spezialprodukte für die Medizintechnik und Analytik

PTFE-Schläuche für flexible Endoskope

In der Medizintechnik werden Präzisionsschläuche hauptsächlich im Bereich der Endoskopie eingesetzt, z. B. bei Kathetern zur Gallensteinextraktion. Es ist möglich, PTFE-Schläuche mit mehreren Kanälen zu extrudieren (Abb. 39). Solche mehrlumigen Schläuche können dann mehr als eine Funktion übernehmen. Dadurch können nicht nur Prozessabläufe bedienungsfreundlicher gestaltet werden, sondern auch die Montage wird leichter, da oftmals auf einzelne Bauteile verzichtet werden kann.

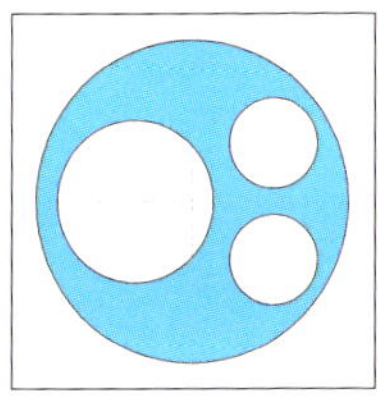

Abb. 39: Dreilumiger Schlauch

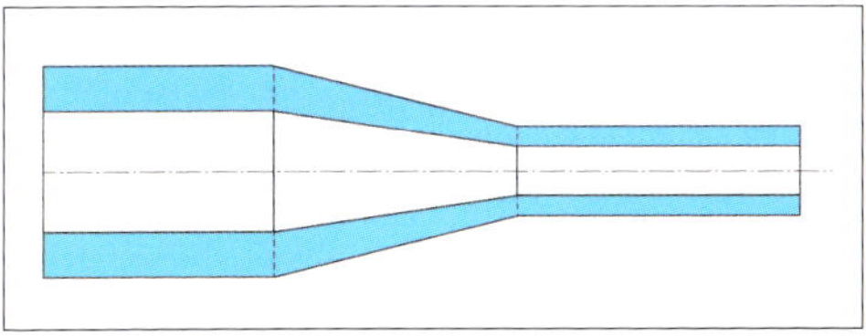

Abb. 40: Schlauch mit Verjüngung

Vor allem in der Bronchoskopie werden immer häufiger Schläuche mit einer Verjüngung (Abb. 40) eingesetzt, da diese es ermöglichen, noch tiefer in geschädigte Bereiche vorzudringen. Stark ausgeprägte Verengungen der Luftwege können somit besser passiert und vorhandene Tumore oder Lymphome gezielter behandelt werden.

Markierung und Beschriftung

Eine auf dem Schlauch angebrachte Farbmarkierung dient dazu, die entsprechenden Arbeitsbereiche bzw. Positionen definieren zu können (Abb. 41). Zudem wird diese Technik

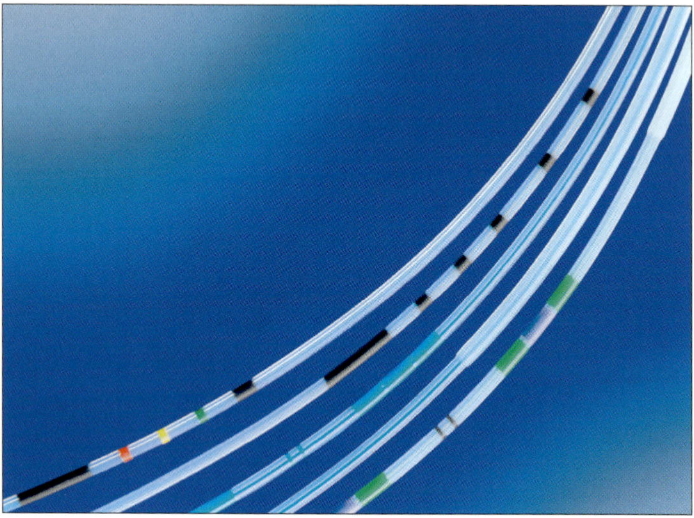

Abb. 41: Farbmarkierte und röntgenkontrastfähige Schläuche

oftmals angewendet, um kundenspezifische Schriftzüge auf den Schlauch aufzubringen. Für die Anwendung unter Röntgenbestrahlung kann die PTFE-Matrix durch Beimengung von kontrastfähigen Additiven so verändert werden, dass eine visuelle Erkennbarkeit des Schlauches sichergestellt werden kann.

Vor allem im medizinischen Bereich spielt die Oberflächenbeschaffenheit von Schläuchen eine wichtige Rolle. Hohe Anforderungen an die Klebetechnik werden gestellt, wenn Anschlusssysteme bzw. Metall- oder Keramikhülsen mit einem Schlauch verbunden werden sollen. Solche Verbundsysteme erfordern oft eine hohe Langzeitbeständigkeit hinsichtlich der Haftwirkung. Um eine solche stabile Verbindung mit PTFE zu schaffen, ist eine Modifikation der Oberfläche erforderlich. Deren Ziel ist es, die Oberflächenenergie zu erhöhen, damit eine Benetzung stattfinden kann. Verfahrenstechnisch kommt hierbei das Nassätzen oder das trockene Plasmaätzen zur Anwendung. Weitere Anforderungen an die Schläuche sind:

Modifikation der Oberfläche

- Biokompatibilität
- UV-Beständigkeit
- hohe Abriebfestigkeit
- Sterilisierbarkeit.

PTFE-Schlauchmodule als Entgasungselemente in Flüssigkeitschromatographen

In der Analytik werden Flüssigkeitschromatographen eingesetzt, um ein zu analysierendes flüssiges Stoffgemisch in seine Bestandteile zu zerlegen. Die Analyseflüssigkeiten müssen hierzu absolut frei von gelösten Gasen sein. Diese Aufgabe übernimmt ein Entgasungsmodul.

Im vorliegenden Beispiel erfolgt die Entgasung von Flüssigkeiten mit einem Schlauchmodul (Abb. 42), das aus einer Vielzahl dünner PTFE-Schläuche besteht, durch die die Analyseflüssigkeit geleitet wird. Der Kunststoff PTFE ist durchlässig (permeabel) für Gase. Das Schlauchbündel besitzt eine große Oberfläche zur effektiven Entgasung bei minimaler Wanddicke. Das Schlauchbündel befindet sich in einer evakuierbaren Kammer. Aufgrund der Druckdifferenz entweichen die gelösten Gasanteile aus der Analyseflüssigkeit durch die Schlauchwandungen in die Kammer

Gasdurchlässig

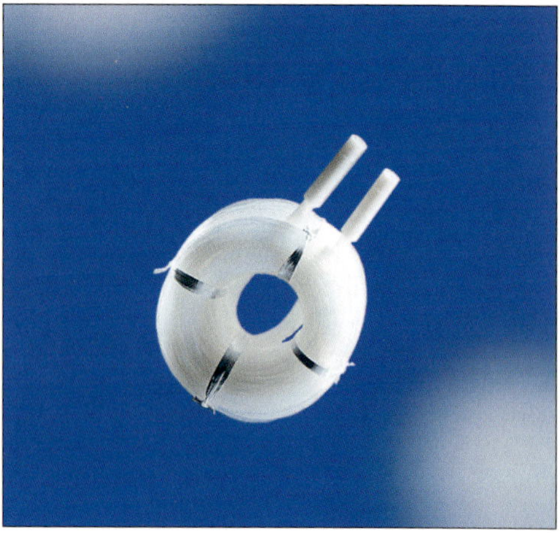

Abb. 42: Schlauchmodul für die Flüssigkeitschromatographie

und werden dort von der Pumpe abgesaugt. Die entgaste Analyseflüssigkeit wird zum Flüssigkeitschromatographen weitertransportiert und analysiert.
Folgende Anforderungen werden an die PTFE-Schlauchmodule gestellt:

- chemische Beständigkeit gegen nahezu alle Medien wie z. B. Säuren, Laugen und Lösungsmittel
- keine Wasseraufnahme zulässig
- gezielte Gasdurchlässigkeit der Schläuche
- sehr glatte innere Oberfläche der Schläuche, um Rückstände zu vermeiden
- FDA-geprüfte Werkstoffe, geeignet für die Lebensmittel- und Medizintechnik
- hochreine Werkstoffe, um die Messergebnisse nicht zu verfälschen.

Verschweißbar

Diese Anforderungen erfüllt nur der Werkstoff PTFE. In der Herstellung werden jeweils mehrere PTFE-Schläuche in einem Konnektor zu einem Schlauchbündel verschweißt. Mit Anschlussstücken an beiden Enden versehen, kann das Schlauchmodul direkt verbaut werden. Nicht zuletzt die extrem gute chemische Beständigkeit von PTFE gegenüber nahezu allen Lösungsmitteln, Säuren und Laugen prädestiniert diesen Werkstoff für diese spezielle Anwendung. Entgasungsmodule für Flüssigkeitschromatographen wären ohne PTFE-Schlauchbündel nicht möglich.

Chemisch beständig

PTFE-Dichtungsmanschette für einen Atemluftkompressor

Als Atemluftkompressoren für medizintechnische Anwendungen genutzte Kleinkompressoren müssen geringes Gewicht aufweisen, wartungsfrei und langlebig sein. Eine bekannte Anwendung in der Atemwegstherapie ist die Drucklufterzeugung in Inhalatoren: Der kleine und leichte Kompressor verdichtet Luft auf den erforderlichen Druck, mit dem eine effektive Vernebelung von Wirkstoffen möglich ist.

Abb. 43: Atemluftkompressor mit montierter Dichtmanschette (rot eingefärbt)

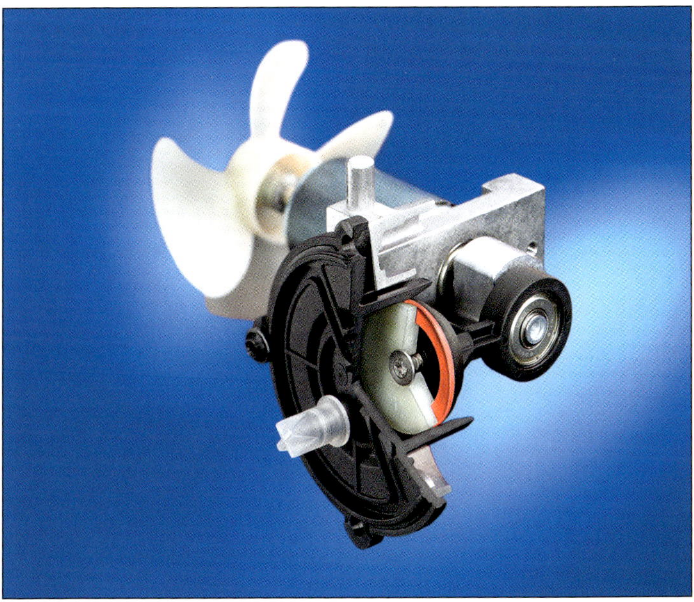

Bei dem in Abbildung 43 gezeigten Atemluftkompressor handelt es sich um einen Taumelkolbenkompressor mit Kunststoffzylinder. Solche Kleinkompressoren bestehen aus nur wenigen Bauteilen und sind nahezu wartungsfrei. Die erzeugte Luft ist sauber, ölfrei und geschmacksneutral.
Folgende Anforderungen werden an das Dichtelement des Atemluftkompressors gestellt:

- geringe Reibung für geringe Stromaufnahme des Motors, da das Gerät zum Teil im Akkubetrieb verwendet wird
- Verschleißfestigkeit für lange Lebensdauer und wenig Abrieb der Dichtung und der Gegenlauffläche
- Werkstoff mit Zulassung für medizinische Anwendungen.

Unbedenkliche Füllstoffe

Bei dem für das Dichtelement des abgebildeten Taumelkolbenkompressors verwendeten Werkstoff handelt es sich um ein PTFE-Compound, dessen Komponenten für den Anwendungsfall unbedenklich sind. Das Dichtungsmaterial hält Temperaturen von –40 °C bis +200 °C, Drücken bis 5 bar und Gleitgeschwindigkeiten bis 3 m/s stand.
Die in Abbildung 44 dargestellte Memory-Topfmanschette ist eine einfache und kostengünstige Konstruktion. Mit dieser Bauart lässt sich der Taumelkolben gut abdichten. Die Dichtmanschette passt sich dem verändernden Bauraum an, der durch die Taumelbewegung entsteht. Die radiale Lippenvorspannung wird ohne zusätzliche Feder alleine durch einen thermischen Formprozess erzielt. Sie lässt sich auf die Anwendung abstimmen. Die Vorteile dieser Dichtung wie geringer Verschleiß, geringe Reibung, kein Stick-Slip-Effekt und damit geringe Anlaufkräfte selbst nach längeren Stillstandszeiten prädestinieren sie für die Anwendung in Kleinkompressoren.

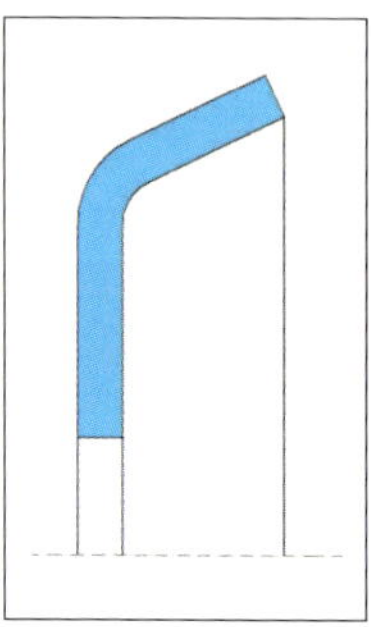

Abb. 44: Memory-Topfmanschette im Schnittbild

Reflektoren und Diffusoren für die optische Industrie

Ulbrichtkugeln

Ulbrichtkugeln sind weit verbreitet in der Lichttechnik und in der Spektroskopie. Mit Innendurchmessern von wenigen Zentimetern bis zu drei Metern wurden sie in der Vergangenheit vorzugsweise auf der Innenseite mit einer Bariumsulfat-Beschichtung versehen. Der auf diese Weise hergestellte Reflektor zeigt aber im Laufe der Zeit Vergilbungseffekte, neigt zur Anlagerung von Schmutzpartikeln und ist gegenüber mechanischer Beschädigung sehr empfindlich. Eine regelmäßige Neubeschichtung ist daher erforderlich.

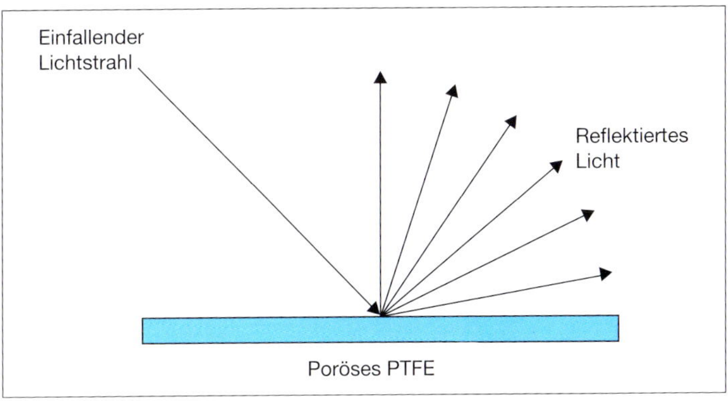

Abb. 45: Lambertscher Reflektor

Innenbeschichtung aus porösem PTFE

Diese Nachteile können vermieden werden, wenn poröses PTFE als Reflektorschicht aufgebracht wird. Durch sein nahezu ideales lambertsches Verhalten ist poröses PTFE sehr gut geeignet für die Innenbeschichtung von Ulbrichtkugeln. Von lambertschem Verhalten spricht man dann, wenn ein Werkstoff in der Lage ist, einfallendes Licht richtungsunabhängig in gleicher Intensität zu reflektieren (Abb. 45).

Allgemeine Eigenschaften von porösem PTFE für optische Anwendungen sind:

Hohes Reflexionsvermögen

- hohes Reflexionsvermögen (Reflexionsgrad > 99 % im Wellenlängenbereich von 400 bis 1500 nm, > 95 % im Wellenlängenbereich von 250 bis 2500 nm)
- lambertsches Verhalten im Wellenlängenbereich des ultravioletten und sichtbaren Lichts sowie im nahen Infrarot
- hydrophob
- thermisch stabil bis 300 °C
- nahezu universelle Chemikalienbeständigkeit, nur wenige Ausnahmen müssen berücksichtigt werden
- nicht brennbar; LOI > 95 %
- Entflammbarkeit nach DIN 4102, Klasse A2
- keine Tendenz zur Alterung, Vergilbung oder Versprödung (langfristig beständig auch gegenüber Ultraviolettstrahlung)
- physikalische Eigenschaften über einen weiten Bereich einstellbar (Abb. 46)
- farbliche Abstimmung durch Füllstoffzugabe möglich.

Abb. 46: Das Design von Reflektoren auf der Basis von porösem PTFE kann den Erfordernissen der Anwendung angepasst werden.

Für Durchlicht im Wellenlängenbereich von Ultraviolett über sichtbares Licht bis nahes Infrarot eignet sich poröses PTFE in exzellenter Weise als Diffusor. Typische Anwendungen hierfür sind z. B. die Hintergrundbeleuchtung von Instrumenten, Bildschirmen und Anzeigegeräten. Um eine hinreichend hohe Lichtinten-

Variierbarer Transmissionsgrad

sität zu erzeugen, liegen die typischen Folienstärken für Diffusoranwendungen im Bereich von 100 µm bis 1 mm. Die Transmissionsgrade können unter diesen Bedingungen in einem sehr weiten Bereich, z. B. zwischen 5 und 70 % variiert werden.

Walzen und Rollen für Hochleistungsdrucker

Hochleistungsdrucker verfügen sowohl über Fixierwalzensysteme als auch über Transportwalzensysteme. Im folgenden Anwendungsfall wird der Einsatz von PTFE in Fixierwalzensystemen näher beschrieben.

Fixierwalzensystem …

Beim Fixieren müssen die Tonerpartikel aufgeschmolzen und mit dem Bedruckstoff (z. B. Papier oder Folie) fest verbunden werden. Fixierwalzensysteme bestehen in der Regel aus der beheizten Fixierwalze und der Andruckwalze, die für den erforderlichen Gegendruck sorgt. An ein solches Walzensystem werden hohe Anforderungen gestellt:

- Dauertemperaturen von 220 °C zum Aufschmelzen des Toners
- hohe Abriebfestigkeit, da Papier ebenso wie andere zu bedruckende Medien sehr abrasiv ist
- gute Wärmeleitfähigkeit, da sich der Heizstrahler im Walzenkern befindet
- ausgezeichnetes antiadhäsives Verhalten, da keine Tonerpartikel an der Walze anhaften dürfen.

… mit PTFE-Folie beschichtet

Als optimale Lösung für diese hohen Anforderungen haben sich mit einer PTFE-Folie beschichtete Walzen bewährt (Abb. 47). Auf den Aluminiumgrundkörper mit seiner guten Wärmeleitfähigkeit wird eine geätzte PTFE-Folie mit einem speziellen hochtemperaturfesten Klebstoff aufgebracht. Anschließend wird die

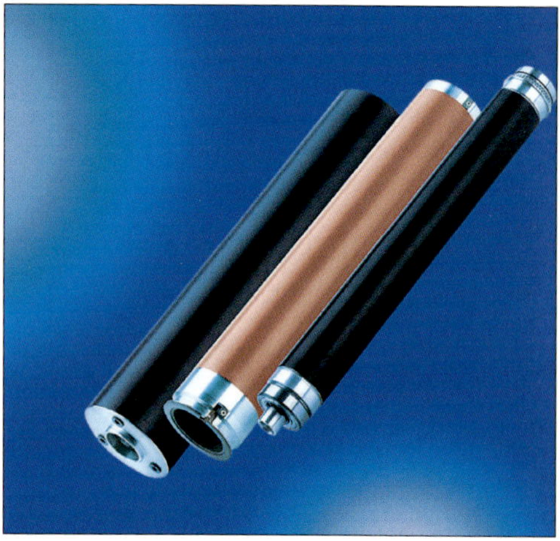

Abb. 47: Fixierwalzen mit PTFE-Hochleistungsbeschichtung

PTFE-Folie auf eine Dicke von 500 bis 250 µm abgeschliffen.

Compound-Werkstoff

Die Wahl des PTFE-Compounds als Folienwerkstoff ist immer ein Kompromiss zwischen

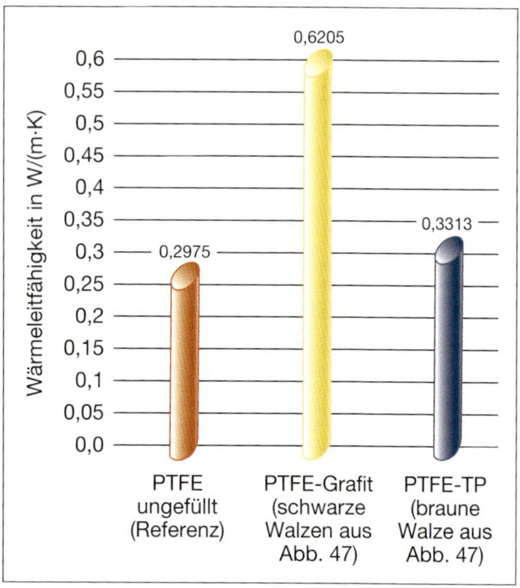

Abb. 48: Wärmeleitfähigkeit von Beschichtungen für Fixierwalzen; TP Thermoplast (z. B. PPS, PEEK)

Abriebfestigkeit, Wärmeleitfähigkeit (Abb. 48) und Antihafteigenschaften. Mit der richtigen Beschichtung können Hochleistungsdrucker mit einem Papierdurchsatz von 1200 Blatt pro Minute wartungsfrei bis zu 10 Millionen Blatt bedrucken.

Großdimensionierte Wellendichtungen für Windkraftanlagen

Große Maschinen und Anlagen stellen generell besondere Anforderungen. Dies betrifft auch die Dichtelemente in Windkraftanlagen. Die ersten Probleme liegen in der Fertigung von großen Durchmessern. Da es sich bei PTFE um einen Press-Sinter-Werkstoff handelt, muss das Presswerkzeug von Hand mit dem PTFE-Puder gefüllt werden (Abb. 49). Die maximalen Durchmesser liegen bei 3000 mm Außendurchmesser. Danach sind spezielle großdimensionierte Sinteröfen notwendig, um den

Maximal 3000 mm Durchmesser

Abb. 49: Ein Werkzeug zur Herstellung eines ringförmigen Rohlings wird mit PTFE-Pulver gefüllt.

Abb. 50:
Der fertige Rohling wird auf einer Drehmaschine bearbeitet.

Rohling durchzusintern. Auf einer speziellen Drehbank werden dann die Dichtungen spanend hergestellt (Abb. 50). Da PTFE einen großen Wärmeausdehnungskoeffizienten besitzt, werden die Dichtungen bei definierter Temperatur von 23 °C vermessen. Durch Spannungen im Material und Temperaturschwankungen besteht die Gefahr, dass sich die Durchmesser verändern, d. h. in der Regel schrumpfen. Um stabile Maße zu gewährleisten, werden die Ringe bei bestimmten Anwendungen auf einem Dorn gelagert.

Maßhaltigkeit

Im Fall der oben abgebildeten Rotorwellendichtung für Windkraftanlagen beträgt der Wellendurchmesser 1200 mm, die Umfangsgeschwindigkeit erreicht 1,6 m/s. Die Dichtung muss das Fettdepot im Lager halten und einen Fettaustritt verhindern. Weitere Anforderungen sind:

- lange Lebensdauer
- geringe Reibung
- Ozonbeständigkeit.

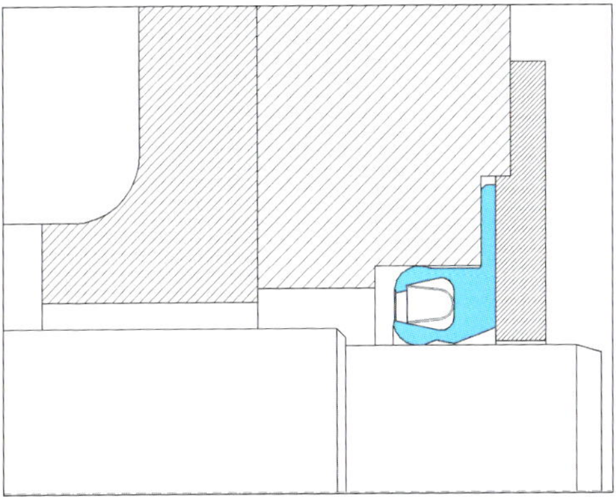

Abb. 51: Federunterstützter Nutring als Rotorwellendichtung in Windkraftanlagen

Hohe Standzeit

Da die Demontage einer solchen Rotorwellendichtung sehr schwierig ist, wird eine langjährige Standzeit der Dichtung erwartet. In der Anwendung bewährt hat sich der in Abbildung 51 gezeigte federunterstützte Nutring.

Zulassungen und Richtlinien

Neben der technischen Machbarkeit von Systemlösungen steht heutzutage zunehmend deren zulassungsrechtliche Seite im Vordergrund. Insbesondere sind hiervon Anwendungen betroffen, bei denen es um den Menschen und dessen Sicherheit geht.

Zulassungen für den Lebensmittelkontakt

EU

Die grundlegenden rechtlichen Anforderungen an Materialien oder Gegenstände für den Lebensmittelkontakt sind in den Mitgliedsländern der Europäischen Union (EU) durch die Richtlinien der Europäischen Kommission und das jeweilige nationale Recht bestimmt. Aufgrund des weit fortgeschrittenen Harmonisierungsprozesses innerhalb der EU kommen bei Anwendungen im Kunststoffbereich zunehmend die EG-Richtlinien zum Tragen.

USA

Das weltweit bedeutendste regulative System für Lebensmittelanwendungen sind die Verordnungen der US-amerikanischen Food & Drug Administration (FDA). Der Inverkehrbringer von Bauteilen im Lebensmittelkontakt sollte unabhängig vom angestrebten Absatzmarkt die Anforderungen sowohl der EU als auch der FDA berücksichtigen und darüber hinaus die jeweiligen länderspezifischen Vorschriften beachten.

Deutschland

In Deutschland sind die rechtlichen Voraussetzungen für Materialien oder Gegenstände im Lebensmittelkontakt in der Bedarfsgegenständeverordnung (LMBG) festgelegt. Weiterhin kommen die Kunststoffempfehlungen des

zum 01.11.2002 aufgelösten Bundesinstituts für gesundheitlichen Verbraucherschutz und Veterinärmedizin (BgVV) zur Anwendung. Das neu geschaffene Bundesinstitut für Risikobewertung (BfR) hat nach diesem Datum die Verantwortung für die Bereiche Lebensmittelsicherheit und Verbraucherschutz übernommen.
Gefahren für Lebensmittel und Trinkwasser gehen insbesondere von der Migration von Kunststoffbestandteilen aus. Aus virginalem PTFE können migrieren:

- Monomere (z. B. TFE, HFP, PPVE)
- Oligomere mit niedrigem Molekulargewicht.

Neben den oben genannten Monomeren und Oligomeren können aus virginalen PTFE-Compounds auch Füllstoffe wie z. B. Glasfasern, Graphit oder E-Kohle migrieren. Nicht migrieren können aus virginalem PTFE in der Regel:

- Additive (nicht üblich bei PTFE)
- Antioxidanzien
- Gleitmittel
- Weichmacher
- Stabilisatoren (flammwidrige Additive, UV-Absorber).

PTFE: geeignet für höchste Anforderungen

Aufgrund der aufgezeigten Eigenschaften und seiner besonderen Reinheit wird PTFE bevorzugt für Anwendungen mit höchsten Anforderungen an die Reinheit und physiologische Unbedenklichkeit im Lebensmittelkontakt, aber auch für Anwendungen in der Pharmaindustrie und bei erforderlicher Biokompatibilität gewählt.
Tabelle 6 klassifiziert wichtige PTFE-Werkstoffe für Anwendungen im Lebensmittelkontakt, entsprechend ihrer prinzipiellen Eignung nach den erläuterten regulativen Systemen

Tab. 6: PTFE und PTFE-Compounds für Anwendungen mit Lebensmittelkontakt

Produkt	LMBG	EU	FDA
S-PTFE (virginal)	Ja	Ja	Ja
Modifiziertes S-PTFE (virginal)	Ja	Ja	Ja
E-PTFE (virginal)	Ja	Ja	Ja
Modifiziertes E-PTFE (virginal)	Ja	Ja	Ja
PTFE-E-Kohle-Compound	Ja	Ja	Nein
PTFE-Graphit-Compound	Ja	Ja	Nein
PTFE-Kohle-Graphit-Compound	Nein	Nein	Nein
PTFE-Glasfaser-Compound	Ja	Ja	Ja
PTFE-Glasfaser-Graphit-Compound	Ja	Ja	Nein
PTFE, elektrostatisch ableitend	Ja	Ja	Nein
PTFE, elektrostatisch ableitend »FDA«	Ja	Ja	Ja
PTFE-Bronze-Compound	Nein	Nein	Nein

LMBG, EU und FDA. Die Übersicht hat rein informativen Charakter. Konkrete Freigaben sind daher in jedem Einzelfall vom Rohstoffhersteller einzuholen.

Zulassungen für die Automobilindustrie

Von der Umweltgesetzgebung …

Hintergrund der Einführung des Internationalen Materialdatensystems (IMDS) ist die nationale und internationale Umweltgesetzgebung, nach der jeder Hersteller für die ökologischen Auswirkungen seiner Produkte verantwortlich ist (u. a. EG-Richtlinie 2000/53/EG über Altfahrzeuge, Kreislaufwirtschaftsgesetz, ISO 14040 ff., Integrated Product Policy). Um dieser Forderung gerecht zu werden, sind u. a. genaue Kenntnisse über die Zusammensetzung der Bauteile in Kraftfahrzeugen und die in ihnen verwendeten Materialien und Substanzen erforderlich.

Vom Verband der Automobilindustrie (VDA) wurde deshalb 1996 beschlossen, den Erstmusterprüfbericht gemäß VDA-Handbuch um das Datenblatt »Inhaltsstoffe der Zukaufteile (Materialdatenblatt)« zu ergänzen. Der VDA-Vorstand beschloss 1998 ferner, ein System zu schaffen, das es gestattet, Materialdatenblätter elektronisch zu erstellen und zu verarbeiten.

… zum IMDS

Mit dem internetbasierenden IMDS wurde ein Konzept erstellt, um die erforderlichen Daten elektronisch abzubilden. Das System bedient sich folgender Listen:

- Reinstoffliste
- Liste für deklarationspflichtige Stoffe
- Global Automotive Declarable Substance List (GADSL).

Weitere Informationen zum IMDS sind über das Internet zu beziehen.

Zulassungen für den Kontakt mit Sauerstoff

Werkstoffe, Materialien und Bauteile, die für den Einsatz in Sauerstoff führenden Anlagen bestimmt sind, müssen sicherheitstechnisch geeignet sein und werden daher speziellen Prüfungen unterzogen. Viele Werkstoffe, die in der Atmosphäre nicht brennbar sind, brennen in einer mit Sauerstoff angereicherten Atmosphäre: Nicht nur leicht brennbares Öl und Fett, Gummi und Kunststoff, sondern auch Aluminium, Stahl und Messing können in Sauerstoffatmosphäre brennen.

PTFE und PTFE-Compounds werden aufgrund ihres inerten Verhaltens beim Kontakt mit Sauerstoff häufig als Dichtungswerkstoffe eingesetzt, u. a. für Dichtungselemente in Armaturen (Ventile und Druckregler) und für Rohrleitungen in Flanschverbindungen und Verschraubungen.

BAM-Prüfung und -Listung

Die Bundesanstalt für Materialforschung und -prüfung (BAM) als ein von der Berufsgenossenschaft anerkanntes Prüfinstitut hat in den letzten fünf Jahrzehnten Prüfverfahren und Beurteilungsgrundlagen für den sicheren Betrieb von Sauerstoffanlagen sowie für nichtmetallische Dichtungen entwickelt. Bauteile aus PTFE und PTFE-Compounds für spezifische Anwendungen in Sauerstoff führenden Anlagen werden nach folgenden Kriterien beurteilt:

a) Zündtemperatur in verdichtetem Sauerstoff
b) Alterungsbeständigkeit in verdichtetem Sauerstoff
c) Einwirkung von Sauerstoff-Druckstößen
d) Prüfung von Flachdichtungen für Flanschverbindungen
e) Reaktionsfähigkeit mit flüssigem Sauerstoff bei Schlagbeanspruchung.

Tabelle 7 gibt eine unvollständige Übersicht über BAM-geprüfte Dichtungsmaterialien aus

Tab. 7: PTFE und PTFE-Compounds für Anwendungen im Sauerstoffkontakt

Produkt	Prüfverfahren					BAM-Listung
	a)	b)	c)	d)	e)	
S-PTFE (virginal)	Ja	Ja	Ja	Ja	Nein	Ja
Modifiziertes S-PTFE (virginal)	Ja	Ja	Ja	Ja	Nein	Ja
PTFE-Glasfaser-Compound	Ja	Ja	Ja	Ja	Ja	Ja
PTFE-Glasfaser-Graphit-Compound	Ja	Nein	Ja	Nein	Nein	Ja
PTFE-Kohle-Compound	Ja	Ja	Ja	Ja	Nein	Ja
PTFE-Kohle-Graphit-Compound	Ja	Ja	Ja	Ja	Nein	Ja
PTFE, elektrostatisch ableitend	Ja	Ja	Ja	Ja	Nein	Ja
PTFE-Graphit-Compound	Ja	Ja	Ja	Nein	Nein	Ja
PTFE-Bronze-Compound	Ja	Ja	Ja	Ja	Nein	Ja
PTFE-Bronze-Kohle-Compound	Ja	Ja	Ja	Nein	Nein	Ja

PTFE und PTFE-Compounds einschließlich der angewendeten BAM-Prüfverfahren. Diese Ergebnisse dienen in der Regel nur der Orientierung. Für eine endgültige Aussage sind die oben genannten Prüfungen stets am fertigen Bauteil durchzuführen.

Zulassungen für explosionsgefährdete Bereiche

Am 01. Juli 2003 trat die ATEX-Richtlinie 94/9/EG als europäische Norm EN 13436 in Kraft, wonach europaweit auch nichtelektrische Geräte für den explosionsgefährdeten Bereich (Ex-Bereich) zugelassen sein müssen. Diese Richtlinie reguliert den Explosionsschutz nichtelektrischer Systeme, Geräte und Komponenten in explosionsgefährdeten Bereichen (Ex-Bereichen) und somit die Pflichten für den Gerätehersteller. Sie definiert eine *explosionsgefährdete Atmosphäre* als »Gemisch aus Luft und brennbaren Gasen, Dämpfen, Nebeln oder Stäuben unter atmosphärischen Bedingungen, in dem sich der Verbrennungsvorgang nach erfolgter Entzündung auf das gesamte unverbrannte Gemisch überträgt«. Die ATEX-Konformitätsbescheinigung bezieht sich auf Geräte und Komponenten. Für Werkstoffe sind entsprechende Bescheinigungen nicht erforderlich, jedoch werden seitens der Rohstoffhersteller relevante Werkstoffkennwerte beigestellt, die ATEX-Anwendungen unterstützen.

ATEX-geeignete Werkstoffe

Neben dem Aufwand für Kennzeichnung, Konformitätserklärung, Abnahme und Zertifizierung der ATEX-ertüchtigten Geräte steht für die Hersteller die geeignete Wahl der Werkstoffe im Vordergrund. Ein wichtiges Kriterium für die Werkstoffauswahl ist es, elektrostatische Entladungsvorgänge (ESD) zwischen Gegen-

ständen mit unterschiedlichem elektrischen Potenzial zu vermeiden. Bei Entladungsvorgängen entstehen elektrische Lichtbögen, die eine explosionsfähige Atmosphäre zur Zündung bringen können. Eine der Maßnahmen, dies zu verhindern, ist die Verwendung von Materialien mit speziellen physikalischen Eigenschaften, insbesondere mit spezifischem Ableitverhalten bei elektrostatischer Aufladung. Die geeignete Wahl der Werkstoffe mit den notwendigen Eigenschaften liegt in der Verantwortung des Geräteherstellers und richtet sich nach der entsprechenden Gerätekategorie.
Die für die ATEX-Anwendungen relevanten Werkstoffeigenschaften sowie typische Werte für den Werkstoff PTFE sind aus Tabelle 8 zu

Eigenschaft	Prüfvorschrift	PTFE, ungefüllt
Zusammensetzung		Frei von Additiven
Temperaturbeständigkeit	IEC 216 oder UL 746 B	RTI = 180 °C
Oberflächenwiderstand	EN 50014	10^{17} Ω
Durchgangswiderstand	IEC 60093	10^{18} Ωcm
Elektrische Durchschlagfestigkeit	IEC 243	65 bis 85 kV/mm
Entflammbarkeit	EN 50018, ISO 1210, IEC 707	94V-0
Chemische Beständigkeit		Nahezu universell, wenige Einschränkungen
Lichtbeständigkeit		Ja

Tab. 8: PTFE und PTFE-Compounds eignen sich für ATEX-Anwendungen.

entnehmen. Hochwertiges PTFE und PTFE-Compounds qualifizieren sich für ATEX-Anwendungen durch ausgezeichnete Langzeittemperaturbeständigkeit, Chemikalienbeständigkeit und Stabilität gegenüber Ultraviolettstrahlung (Lichtbeständigkeit). Ein LOI über 95 und die Einstufung Flame Class 94V-0 qualifizieren die Produkte auch im Bereich der Entflammbarkeit auf einem sehr hohen Niveau.

Leitfähige PTFE-Compounds

Es stehen hochwertige leitfähige PTFE-Compounds zur Verfügung, die gesteigerte Anforderungen an die Kriechstromfestigkeit, den Oberflächenwiderstand und die elektrische Durchschlagfestigkeit erfüllen. Die Temperaturbeständigkeit liegt ebenfalls auf einem hohen Niveau im Bereich von 180 °C (RTI nach UL) und darüber. Alle diese Eigenschaften unterstützen die Forderungen des Gesetzgebers, dass nichtelektrische Systeme, Geräte und Komponenten weder im Neuzustand noch während der gesamten Lebensdauer zu einer Zündquelle werden dürfen.

Trends und Zukunftsperspektiven

Neue Anwendungen

Die Anwendung von Fluorpolymeren steigt, bezogen auf das globale Wirtschaftswachstum, überproportional. Analysiert man die Gründe, zeigen sich in den einzelnen Marktsegmenten folgende treibende Faktoren: Im *Automobilbereich* führt die stetige Forderung nach reduzierter Emission bei höherer Motorleistung zu erheblichem Mehraufwand für Abgassensorik, Signalleitung und Signalverarbeitung. Eine intelligentere Nutzung leistungsmindernder Aggregate wie z. B. für die Kühlung oder Klimatisierung wird angestrebt. Das steigende Komfortbedürfnis und zusätzliche Sicherheitseinrichtungen erfordern Niveauregulierungen oder Vielfachausrüstung mit Airbags. Die meisten dieser Einrichtungen befinden sich in unmittelbarer Umgebung des Motors, greifen auf Signale aus diesem heißen Bereich zurück oder stehen in Kontakt mit aggressiven Treib- oder Schmierstoffen. Weil sich die geforderte Lebensdauer in den letzten 25 Jahren verdreifacht hat, lassen sich zunehmend nur noch Fluorpolymere oder Compounds auf deren Basis einsetzen. Im *Medizinbereich* findet eine rasante Technisierung und Automatisierung von Diagnostik und Therapiemethoden statt. PTFE kommt zunehmend überall dort zum Einsatz, wo neben universeller Medienbeständigkeit auch hohe Gewebeverträglichkeit gefordert ist. Höhere Leistungsdichte in Verbindung mit zunehmender Miniaturisierung fordern im *Elektronikbereich* zunehmend Werkstoffe mit immer besserer Isolation und Dämpfung. Die niedere Dielektrizitätskonstante von PTFE ermöglicht immer engere Packungsdichten von Elektronikkomponenten und der geringe dielektrische Verlustfaktor ermöglicht eine deutliche Erhöhung von Signalfrequenzen zur Steigerung der Rechner- und Übertragungsleistung. Im *Chemieanlagenbau* führt die Forderung nach längerer Lebensdauer und höherer Anlagenverfügbarkeit zum vermehrten Einsatz von Fluorpolymeren, nicht nur als Werkstoff für Dichtungen, sondern zunehmend auch für ganze Anlagenteile wie Reaktoren und Rohrsysteme in Kunststoffvollbauweise. Fluorpolymere sind damit nicht zuletzt auch eine wirtschaftliche Alternative zu Edelstählen.

Wirtschaftliche und umweltschonende Fertigung

Mit der Einführung von thermoplastisch verarbeitbarem PTFE wird dem bisherigen Hauptnachteil der zerspanenden PTFE-Verarbeitung wirksam entgegengewirkt: Während bei komplexen Bauteilgeometrien bisher oft bis zu 90 % Abfall in Kauf genommen werden musste, lässt sich die Werkstoffausbeute dank Spritzguss- oder Extrusionsherstellung auf nahezu 100 % erhöhen. Angüsse oder Überstände beim Spritzgießen lassen sich recyceln und in gleiche oder ähnliche Produkte überführen. Sämtliche genannten Vorteile lassen sich auch auf Compounds auf der Basis von thermoplastisch verarbeitbarem PTFE übertragen.

Effiziente Ressourcennutzung

Die Erhöhung der Lebensdauer ist die wirksamste Maßnahme zur Ressourcenschonung. Gute Abrieb- und Gleiteigenschaften erreicht man am besten durch die Entwicklung neuer Compounds auf Basis von PTFE, modifiziertem PTFE oder thermoplastisch verarbeitbarem PTFE. Wenn moderne Compounds dann auch noch weiche Gegenlaufpartner schonen, kann z. B. schwerer Stahl gegen leichteres Aluminium ausgetauscht werden – ein Pluspunkt, der sich insbesondere bei Automobilanwendungen kostensparend auswirkt.

Fachbegriffe und Abkürzungen

Amorph glasartig regellose Anordnung von Atomen in Festkörpern

ATEX Atmosphères Explosibles

BAM Bundesanstalt für Materialforschung und -prüfung

BfR Bundesinstitut für Risikobewertung, Nachfolgebehörde des BgVV

BgVV Bundesinstitut für gesundheitlichen Verbraucherschutz und Veterinärmedizin

CVT Continuously Variable Transmission

Dielektrikum Elektrisch isolierender Stoff, in dem sich durch elektrische Polarisation ein Gegenfeld zu einem äußeren elektrischen Feld aufbaut.

DIN Deutsches Institut für Normung e. V.

DoE Design of Experiments

E-Kohle Elektrographitierte Kohle

EN Europäische Norm

ESD Electronic Static Discharge

FDA Food & Drug Administration

FEP Fluorinated Ethylene Propylene

FEP-G Fluorinated Ethylene Propylene, solvent-based polymerization process

Flame Class 94V-0 Brandklasse; Bezeichnung verwendet innerhalb der *UL 94*

FTP Fluorthermoplast

GADSL Global Automotive Declarable Substance List

GFK Glasfaserverstärkter Kunststoff

HDPE High density Polyethylene

HFP Hexafluoro-Propylene

IEC International Electrotechnical Commission

IMDS Internationales Materialdatensystem

ISO International Standard Organization

Kaltfluss Deformation (von PTFE) unter Last

KFK Kohlefaserverstärkter Kunststoff

LCP Liquid crystal polymer

LMBG Lebensmittel- und Bedarfsgegenständegesetz

LOI Limited Oxygen Index: Sauerstoffindex

MFA Perfluormethoxymodifiziertes PTFE

Monomer Chemischer Grundbaustein für die Polymerisation

MVQ Silikonkautschuk

Oligomer Polymer mit niederem Polymerisationsgrad n, z. B. n = 2...12

PA Polyamid

PAEK Polyaryletherketon

PAI Polyamidimid

PBT Polybutylentherephthalat

PC Polycarbonat

PEEK Polyetheretherketon

PEI Polyetherimid

PES Polyethersulfon

PET Polyethylentherephthalat

PFA Perfluoralkoxymodifiziertes PTFE

Polymer Basismolekül von Kunststoffen, hergestellt durch Aneinanderfügen von sehr vielen Monomereinheiten

POM Polyoxymethylen

PP Polypropylen

PPE Polyphenylenether

PPS Polyphenylensulfid

PPVE Perfluorpropylvinylether

PSU Polysulfon

PTFE Polytetrafluorethylen

PVDF Polyvinylidenfluorid

RTI Relative Temperature Index

SPI Society of Plastics Industry

SUV Sports Utility Vehicles

TFE Tetrafluorethylen

VDA Verband der Automobilindustrie

Virginales PTFE PTFE-Pulver im unverarbeiteten Zustand

UL 94 Sicherheitsnorm der Underwriters Laboratories Inc. (UL®) betitelt mit: »Tests for Flammability of Plastic Materials for Parts in Devices and Appliances«

UV Ultraviolett

Tabellenanhang

Physikalische Eigenschaft	Einheit/ Faktor	Vollfluorierter Kunststoff					
		Standard-PTFE	Modifiziertes PTFE	Thermopl. verarbeitbares PTFE	PFA	MFA	FEP
Allgemein							
Dauergebrauchstemperatur	°C	260	260	260	250	240	205
Spezifische Dichte	g/cm^3	2,13–2,20	2,13–2,19	2,14–2,18	2,12–2,17	2,12–2,17	2,12–2,17
Brennbarkeit (UL-Brandklasse)	–	V-0	V-0	V-0	V-0	V-0	V-0
Sauerstoffindex	%	> 95	> 95	> 95	> 95	> 95	> 95
Wasseraufnahme	%	< 0,01	< 0,01	0,01	0,03	< 0,03	< 0,01
Thermisch							
Schmelzpunkt	°C	327	327	317–324	300–310	280–290	253–282
Wärmeleitfähigkeit	W/(m·K)	0,22–0,23	0,22–0,23	0,22–0,23	0,22	0,22	0,2
Wärmeausdehnungskoeffizient	10^{-5} K^{-1}	12–17	12–17	12–16	10–16	12–20	8–14
Spez. Wärmekapazität bei 23 °C	10^3 J/(kg·K)	1,01	1,01	1,03	1,09	1,09	1,17
Mechanisch							
Reißfestigkeit bei 23 °C	MPa	29–39	29–39	23–32	27–32	22–36	19–25
Reißdehnung	%	200–500	300–600	150–450	300	300–360	250–350
Zug-E-Modul bei 23 °C	MPa	400–800	650	400–630	650	440–550	350–700
Härte (Shore D)	–	55–72	59	55–65	60–65	59	55–60
Dyn. Reibungskoeffizient (Stahl, trocken)	–	0,05–0,2	0,05–0,2	0,05–0,2	0,2–0,3	0,2–0,3	0,2–0,35
Elektrisch							
Spezifischer Durchgangswiderstand	Ωcm	10^{18}	10^{18}	10^{18}	10^{18}	10^{18}	10^{18}
Dielektrizitätskonstante bei 10^6 Hz	–	2,0–2,1	2,0–2,1	2,0–2,1	2,1	2,0	2,1
Dielektr. Verlustfaktor bei 10^6 Hz	10^{-4}	0,7	0,7	0,7–1,1	< 5		< 9
Oberflächenwiderstand	Ω	10^{17}	10^{17}	10^{17}	10^{17}	10^{17}	10^{16}
Durchschlagfestigkeit	kV/mm	40–100	50–110	50–100	50–80	34–38	50–80

Der Partner dieses Buches